全国高职高专石油化工类专业规划教材编审委员会

主　任　曹克广

副主任　陈炳和　潘正安　张方明　徐继春　杨永杰

秘书长　温守东

委　员　（按姓氏汉语拼音排列）

曹克广	陈炳和	丁玉兴	甘黎明	方绍燕
冯文成	康明艳	郎红旗	冷士良	李晓东
李　勇	李志贤	刘建成	刘琼琼	刘耀鹏
刘振河	卢永周	马长捷	潘正安	齐向阳
尚秀丽	沈发治	孙乃有	索陇宁	王芳宁
王　伟	王英健	温守东	徐继春	徐忠娟
杨兴锴	杨永杰	尹兆明	张方明	郑哲奎

全国高职高专石油化工类专业规划教材

无机与分析化学实验

王英健　主编

化学工业出版社
·北京·

本书是《无机与分析化学》的配套实验,打破了传统的教学体系,把无机化学实验与分析化学实验有机地融合在一起,构建了新的实验教学体系。全书共四章,内容包括无机与分析化学实验常识、无机与分析化学实验基本操作技术、无机与分析化学实验、无机与分析化学综合实验。通过本课程的学习训练学生规范娴熟的无机与分析化学实验操作技能,具有对常见化合物及化工产品的分析检测能力,突出了知识的实际、实用以及"教、学、做"一体化。

本书可作为石油化工、应用化工、工业分析等化工类及相关专业高职高专院校、成人教育教材,也可供从事化工技术的工作人员参考。

图书在版编目(CIP)数据

无机与分析化学实验/王英健主编. —北京:化学工业出版社,2011.8(2024.2重印)
全国高职高专石油化工类专业规划教材
ISBN 978-7-122-11917-9

Ⅰ.无… Ⅱ.王… Ⅲ.①无机化学-化学实验-高等职业教育-教材②分析化学-化学实验-高等职业教育-教材 Ⅳ.①O61-33②O652.1

中国版本图书馆 CIP 数据核字(2011)第 144839 号

责任编辑:张双进 窦 臻 提 岩   文字编辑:向 东
责任校对:蒋 宇   装帧设计:王晓宇

出版发行:化学工业出版社(北京市东城区青年湖南街13号 邮政编码100011)
印　　装:北京天宇星印刷厂
787mm×1092mm 1/16 印张 7 字数 162 千字 2024 年 2 月北京第 1 版第 9 次印刷

购书咨询:010-64518888   售后服务:010-64518899
网　　址:http://www.cip.com.cn
凡购买本书,如有缺损质量问题,本社销售中心负责调换。

定　价:19.80 元   版权所有　违者必究

前 言

无机与分析化学实验是高职、高专化工类专业一门必修的技术入门课程，属于技术应用性实验课程，是无机与分析化学的配套教材。通过本课程的学习使学生掌握无机与分析化学实验常识、无机与分析化学实验基本操作技术、固液分离技术、无机化合物的制备技术，训练学生规范娴熟的无机与分析化学实验操作技能，具有对常见化合物及化工产品的分析检测能力，培养学生实验素养和素质，培养学生具备良好的职业道德、科学素养和职业素质。

全书共分四章。主要包括无机与分析化学实验常识、无机与分析化学实验基本操作技术、无机与分析化学实验、无机与分析化学综合实验等。本书具有以下特点。

（1）建立符合职业岗位能力要求的知识体系，突出应用性；培养实践动手能力，创新思维能力，提高综合素质。

（2）形成学科综合，知识与能力、知识与技能综合的课程体系，体现新仪器、新设备、新技术、新方法。在实验室中按由低到高，由简单到复杂学习掌握实验技术，强化素质培养。将知识学习、能力训练结合在一起，体现理实合一，"教、学、做"一体化。

（3）编写内容体现科学性、先进性，重点突出，深浅适度，与现有技术水平相吻合，注重知识的应用性和实用性，使学生学以致用。

（4）根据课程及行业发展对人才要求的变化，及各学校实验条件的差异，选择典型、简洁、微型、示范性强、直观、符合环保及经济的实验项目，贴近工业生产实际，力求培养学生理论联系实际的能力。

本教材由辽宁石化职业技术学院王英健担任主编，南京化工职业技术学院王瑞担任副主编，天津石油职业技术学院安丽英、兰州石化职业技术学院赵立祥，辽宁石化职业技术学院张杰参编。教材的章节内容由几位教师共同编写、审阅，全书由王英健统稿。

本书由天津渤海职业技术学院杨永杰教授主审，并邀请高职院校的专家对书稿进行审阅，提出许多宝贵建议，同时参阅已出版的同类教材，在此一并表示感谢。

由于编者水平有限，不足在所难免，敬请读者批评指正。

编者
2011 年 5 月

目 录

第1章 无机与分析化学实验常识 ·· 1
1.1 无机与分析化学实验安全、环保知识 ·· 1
1.1.1 无机与分析化学实验室规则 ··· 1
1.1.2 无机与分析化学实验室安全守则 ·· 2
1.1.3 安全用电知识、消防灭火 ·· 2
1.1.4 危险品的使用 ·· 5
1.1.5 无机化学实验一般伤害处理 ··· 6
1.1.6 实验室废弃物的环保处理 ·· 7
1.2 无机与分析化学实验常用试剂 ·· 8
1.2.1 化学试剂 ·· 8
1.2.2 实验用水 ·· 11
1.2.3 试纸和滤纸 ··· 13
1.2.4 气体钢瓶 ·· 14
1.3 无机与分析化学实验报告 ··· 16
1.3.1 无机与分析化学实验课的学习方法 ·· 16
1.3.2 无机与分析化学实验报告格式 ·· 17

第2章 无机与分析化学基本操作技术 ··· 19
2.1 洗涤与干燥技术 ·· 19
2.1.1 玻璃仪器的洗涤 ··· 19
2.1.2 玻璃仪器的干燥 ··· 21
2.2 加热与冷却技术 ·· 22
2.2.1 常用的热源 ··· 22
2.2.2 加热方法 ·· 26
2.2.3 干燥 ··· 26
2.2.4 冷却 ··· 27
2.2.5 蒸发和结晶 ··· 28
2.2.6 升华 ··· 31
2.3 固液分离技术 ·· 32
2.3.1 固体物质的溶解技术 ··· 32
2.3.2 过滤 ··· 34
2.3.3 离心分离 ·· 37
2.3.4 倾析分离法 ··· 38
2.4 物质的称量技术 ·· 38
2.4.1 称量瓶和干燥器的使用 ·· 38

2.4.2　物质的称量仪器 ……………………………………………………………… 40
　　2.4.3　物质的称量方法 ……………………………………………………………… 44
2.5　滴定分析操作技术 ……………………………………………………………………… 46
　　2.5.1　滴定管 …………………………………………………………………………… 46
　　2.5.2　容量瓶 …………………………………………………………………………… 49
　　2.5.3　移液管和吸量管 ………………………………………………………………… 50
2.6　溶液的配制 ……………………………………………………………………………… 52
　　2.6.1　溶液浓度的表示方法 …………………………………………………………… 52
　　2.6.2　一般溶液的配制 ………………………………………………………………… 52
　　2.6.3　标准溶液的配制 ………………………………………………………………… 53
2.7　无机物质的制备 ………………………………………………………………………… 55
　　2.7.1　无机物的制备方法 ……………………………………………………………… 55
　　2.7.2　无机物的纯化 …………………………………………………………………… 57
　　2.7.3　无机物制备设计 ………………………………………………………………… 57
　　2.7.4　固体的干燥技术 ………………………………………………………………… 58
　　2.7.5　产率的计算 ……………………………………………………………………… 58

第3章　无机与分析化学实验　60

实验1　认知无机与分析化学实验室 …………………………………………………………… 60
实验2　铜、银、锌、汞及其重要化合物的性质 ……………………………………………… 60
实验3　铬、锰、铁、钴、镍及其重要化合物的性质 ………………………………………… 62
实验4　化学反应速率和化学平衡 ……………………………………………………………… 65
实验5　分析天平的称量操作 …………………………………………………………………… 67
实验6　电子天平称量练习 ……………………………………………………………………… 68
实验7　滴定仪器和滴定分析操作训练 ………………………………………………………… 69
实验8　一般溶液的配制 ………………………………………………………………………… 70
实验9　氢氧化钠标准溶液的制备及食醋中总酸量的测定 …………………………………… 71
实验10　盐酸标准溶液的制备及混合碱的测定 ……………………………………………… 72
实验11　硝酸银标准溶液的制备和自来水中氯含量的测定 ………………………………… 74
实验12　氧化还原反应与电化学 ……………………………………………………………… 75
实验13　硫代硫酸钠标准溶液的配制与标定 ………………………………………………… 78
实验14　碘标准溶液的配制和维生素C含量的测定 ………………………………………… 79
实验15　$KMnO_4$ 标准滴定溶液的配制与过氧化氢含量的测定 …………………………… 80
实验16　复混肥料中钾含量的测定 …………………………………………………………… 83
实验17　EDTA标准溶液的制备和工业用水中钙镁总量的测定 …………………………… 84
实验18　水中pH值的测定 …………………………………………………………………… 86
实验19　微量铁的测定 ………………………………………………………………………… 88
实验20　苯系物的分析 ………………………………………………………………………… 89

第4章　无机与分析化学综合实验　92

实验21　硫酸铜的提纯和铜含量的分析 ……………………………………………………… 92

 实验 22 硫酸亚铁铵的制备和分析 …………………………………………… 95
 实验 23 硝酸钾的制备 …………………………………………………………… 97
 实验 24 碳酸钠的制备 …………………………………………………………… 98
附录 ……………………………………………………………………………………… **101**
 附录 1 相对原子质量表 …………………………………………………………… 101
 附录 2 常用酸碱试剂的密度、含量和近似浓度 ……………………………… 102
 附录 3 常用溶液的配制方法 ……………………………………………………… 102
参考文献 ………………………………………………………………………………… **104**

第1章 无机与分析化学实验常识

1.1 无机与分析化学实验安全、环保知识

无机与分析化学是一门实验科学，其理论来源于实验，同时又为实验所检验；其技能是在实验训练中逐步形成的。学习者要重视实验课的学习，要认真做好无机与分析化学实验，掌握实验操作的基本技能，以巩固、深化理论知识，培养实事求是的科学态度和严谨的科学作风，为工作和继续教育打下良好的基础。

1.1.1 无机与分析化学实验室规则

防止意外事故的发生，做好实验，保证正常的实验环境和秩序必须了解无机与分析化学实验室规则。

① 进入实验室必须穿着实验服，明确实验目的和要求，透彻了解实验步骤、仪器结构、使用方法和注意事项，复习教材中有关的章节，预习实验指导书等，写出实验的提纲、记录的表格，安排好实验工作的进程。

② 了解实验室的内部环境，熟悉急救、灭火等器材放置的地方和使用方法，严格遵守实验操作中的安全注意事项，充分考虑防止事故的发生和发生后应采取的安全措施。

③ 实验开始前养成首先检查试剂、仪器是否齐全的习惯，根据仪器清单，领取所需仪器。及时清点破损的仪器，并填好破损登记表，未经同意，不得动用他人的仪器。公用仪器和临时公用的仪器用毕应洗净，并立即送回原处。

④ 实验中遵守纪律，不准大声喧哗，不得到处走动。及时如实地把实验现象和数据记录在实验报告本上，不得随意乱记。注意节约材料爱护仪器，实验过程中可能产生的，有环境污染的废弃物要按环保要求集中，并统一处理，安全排放。

⑤ 实验台面经常保持清洁，仪器整齐摆放，实验中的杂物应投入废物箱中，以保持实验室的整洁。清洗仪器或实验过程中的废酸、废碱等，应小心倒入废液缸内，切勿往水槽中乱丢杂物，以免淤塞和腐蚀水槽及水管。

⑥ 使用精密仪器前先检查仪器是否完好，使用前认真阅读操作事项，认真执行操作规程。若发现故障，应立即停止使用，同时报告管理人员，不得擅自处理。注意节约水、电和煤气。

⑦ 称取药品后，及时盖好原瓶盖，放在指定地方的药品不得擅自拿走。不得将瓶盖、滴管盖错、乱放，以免污染试剂。所有配好的试剂都要贴上标签，注明名称、浓度及配制日期。公用仪器、药品、工具用毕归还原位。

⑧ 根据原始记录，认真分析问题、处理数据，根据不同实验的要求写出不同格式的实验报告，并及时交给指导老师。

⑨ 实验后，应将所用仪器洗净并整齐地放回柜内。实验台及试剂架必须擦净，最后关

好电闸、水和煤气开关。请指导老师检查仪器、桌面，然后离开实验室。

1.1.2 无机与分析化学实验室安全守则

为保护实验人员的安全和健康，保障设备财产的完好，防止环境的污染，保证实验室工作有效地进行，到无机与分析化学实验室必须严格遵守实验室安全守则，以避免触电、火灾、爆炸以及其他伤害性事故的发生。

① 进入实验室首先查看实验室中水、电、煤气、天然气的开关、消防器材、砂箱以及急救药箱等的位置和使用方法，一旦遇到意外事故迅速处理。遵守安全用电规程，不能用湿手、湿物接触电源，水、电、气、高压气瓶等一经使用完毕立即关闭。

② 在实验室内严禁饮食，实验器皿不能盛放食物，食具也不能盛放药品，一切化学药品禁止入口。有毒、有刺激性气体的操作在通风橱中进行，取用剧毒物质时，必须有严格审批手续按量领取，剩余的药品或废液倒入回收瓶中及时处理。处理有毒药品时，应戴护目镜和橡皮手套，绝对不允许随意混合各种化学药品，以免发生意外事故。对易燃、易爆物质必须根据需要领取，使用时要远离火源，用后应将瓶塞盖紧，放在阴凉处保存，并严格按操作规程操作。某些容易爆炸的试剂如浓高氯酸、有机过氧化物、芳香族化合物、多硝基化合物、硝酸酯、干燥的重氮盐等要防止受热和敲击。

③ 高压钢瓶、电器设备、精密仪器等，在使用前必须熟悉使用方法和注意事项，严格按要求使用。使用天然气时，严防泄漏，燃气阀门应经常检查，保持完好。发现漏气，立即熄灭室内所有火源，打开门窗。用毕应关闭燃气管道上的小阀门，离开实验室时还应再检查一遍，以确保安全。点燃的火柴杆用后立即熄灭。

④ 倾注试剂，开启易挥发的试剂瓶（如乙醚、丙酮、浓盐酸、硝酸、氨水等试剂瓶）及加热液体时，不要俯视容器口，以防液体溅出或气体冲出伤人。加热试管中的液体时，切不可将管口对着自己或他人。在电炉上加热时，可垫上石棉铁丝网，以防过热或爆沸，造成不必要的损失。不可用鼻孔直接对着瓶口或试管口嗅闻气体的气味，而应用手把少量气体轻轻煽向鼻孔进行嗅闻。

⑤ 使用浓酸、浓碱、溴、铬酸洗液等具有强腐蚀性的试剂时，切勿溅在皮肤和衣服上。如溅到身上应立即用水冲洗，溅到实验台上或地上时，要先用抹布或拖把擦净，再用水冲洗干净。更要注意保护眼睛，必要时应戴上防护眼镜。

⑥ 如受化学灼伤，应立即用大量水冲洗皮肤，同时脱去污染的衣物。眼睛受化学灼伤或异物入眼，应立即将眼睁开，用大量水冲洗，至少持续冲洗 15min；如烫伤，可在烫伤处抹上黄色的苦味酸溶液或烫伤软膏。严重者应立即送医院治疗。

⑦ 实验进行时，不准随便离开岗位，要常注意反应进行的情况和装置有无漏气、破裂等现象。实验室中药品或器材不得随便带出实验室。

⑧ 实验完毕要洗手，离开实验室时，要关好水、电、天然气、门窗等，经实验教师允许后方可离开实验室。

1.1.3 安全用电知识、消防灭火

1.1.3.1 安全用电知识

无机与分析化学实验中经常使用电器设备和使用电源进行加热等操作，违规用电易触电且易引起火灾和造成对人体的伤害。

① 实验室供电的总功率，满足室内同时用电负载的总功率，供电电压要与负载额定电压相符，各用电负载再适当分配。每个实验室均以三相供电进户，大型精密仪器需配置稳压电源。大功率用电设备，需单独设置开关。在安装仪器或连接线路时，电源线应最后接上。在结束实验拆除线路时，电源线应首先断路。

② 第一次使用新装用电设备或长期不用的电器设备时，需认真检查线路、开关、地线是否安全妥当。使用一般电开关时，应处于完全合上或完全断开的位置，不要用湿手开合闸刀和操作电器。使用直流电源设备，千万不要把电源正负极接反。设备仪器以及电线的线头都不能裸露，以免造成短路，裸露的地方必须用绝缘胶带包好。

③ 使用电器设备前，先阅读产品使用说明书，熟悉设备电源接口标记和电流、电压等指标，核对是否与电源规格相符合，只有在完全吻合下才可正常安装使用。高温电热设备放置在隔热的水泥台上，不允许直接放在可燃材质的实验台上。

④ 设置屏蔽和障碍防护设施，将带电部分用遮栏或外壳与外界隔开，并采用警告信号标志，避免人们的接近。用绝缘材料将带电材料全部包裹起来，防止在正常工作条件下与带电部分的任何接触。安装漏电保护器，确保一旦发生漏电事故时的人身和设备安全。针对不同的使用环境、使用方式选择适宜的安全电压。安全电压的等级为 42V、36V、24V、12V、6V。

⑤ 为了防止超负荷工作或局部短路，有些电器设备或仪器要求加装"保险丝"或各种各样的熔断器。为防止人体触电，电器应安装"漏电保护器"，只有在不漏电时才能正常使用。不使用电器时，要及时地拔掉插头使之与电源脱离。不用电时要拉闸，修理检查电器要切断电源，严禁带电操作。电器发生故障在原因不明之前，切忌随便打开仪器外壳，以免发生危险和损坏电器。

⑥ 有人受到电伤害时，立即断开触电电源的开关或拔下插头。若遇中断的电源电线，施救者需借助干燥的木棒等绝缘物品将触电者与电源分开。若是高压电源，应立即通知变电所断电，才能靠近触电者。对触电者伤害较轻，未失去知觉，仅在触电时一度昏迷过，应使其就地安静休息 1～2h，继续观察。触电者伤害较重，有心脏跳动而无呼吸则应立即做人工呼吸。有呼吸而无心脏跳动则应采取人工体外心脏按压术救治。若触电者伤害很重，呼吸、心脏跳动均已停止，瞳孔放大，此时必须同时采取口对口人工呼吸和胸外心脏按压术，进行人工复苏术抢救，即使是转送医院途中也不可中断抢救措施。

1.1.3.2 消防灭火

无机与分析化学实验室中有大量的易燃、易爆化学品，随时有可能造成火灾，防范火灾是日常工作之一。

① 进入实验室首先熟悉实验室布局、出口、消防器材的位置，学会使用消防器材。

② 可燃物要正确保管和使用，使用时要远离热源，如磷、硫黄、钾、钠等易燃固体按正确的方法保存，切记不要存放易燃液体。易燃液体的废液应设置专用储器收集，不得倒入下水道，以免引起燃爆事故。

③ 实验时不能用明火或电炉直接加热易挥发液体，也不能在敞口容器中加热。管道气用肥皂水来检查漏气情况，禁止用火焰检查可燃气体泄漏的地方。加热含有高氯酸或高氯酸盐的溶液时，防止蒸干或引进有机物，以免发生爆炸。加热时不得擅离岗位，若确需离开时必须熄灭火源。

④ 使用多台大功率电器时，要注意线路与电闸所能承受的功率，将较大的电器设备分流安装在不同的电路上。要防止浓硝酸与棉织物或干树叶等接触而引燃。

⑤ 禁止在实验室吸烟。可燃气体的高压气瓶，应安放在实验楼外专门建造的气瓶室内。

⑥ 常用的灭火器具，见表1-1。

表1-1　常用灭火器的性能及用途

灭火器种类	内装药剂	用途	性能	使用方法
泡沫灭火器	$NaHCO_3$、$Al_2(SO_4)_3$ 和发泡剂	扑灭固体或易燃液体着火	10L喷射时间60s,射程8m;65L喷射时间170s,射程13.5m	倒置稍加摇动,打开开关即可。一年检查一次,泡沫发生倍数低于4倍时应更换药剂,或1年半更换一次药剂
二氧化碳灭火器	压缩二氧化碳(液体)	扑灭贵重仪器、电器、油类及酸类火灾	射程约3m,液态CO_2的沸点约为$-70℃$,注意冻伤	拿好喇叭筒对准火源,打开开关即可。每月检查一次CO_2量,量少充气
干粉灭火器	$NaHCO_3$粉,少量润滑剂,防潮剂,高压CO_2或N_2	扑灭石油、石油产品、油漆、有机溶剂、天然气设备火灾	8kg射程5m,喷射时间20s;50kg射程6~8m,喷射时间约50s	提起筒,拔掉保险销环,干粉即可喷出。防止受潮,一年检查一次
1211灭火器	液体CF_2ClBr及压缩N_2	扑救油类、电气设备、化工化纤原料等初期火灾	1kg射程2~3m,喷射时间6~8s	拔出铅封和横销,用力压压把。一年检查一次
四氯化碳灭火器	四氯化碳灭火剂和压缩空气	扑灭电器设备或电器设备附近所发生的火灾,不能用于扑救钾、钠、镁、铝、乙炔、二硫化碳等物质的着火	最低贮量为1L,最高贮量为10L,喷到燃烧物表面后,遇热迅速气化,形成很重的蒸气,包围住燃烧物使之与空气隔绝	使用时只要旋开旋扭,四氯化碳就从喷嘴喷出

实验室发生火灾，选择灭火材料十分重要，是否要用水来灭火应十分慎重。灭火器一般只适用于熄灭刚刚产生的火苗或火势较小的火灾，不要正对火焰中心喷射，以防着火物溅出使火焰蔓延，而应从火焰边缘开始喷射。灭火器使用或存放一定时间后应及时更换。

此外，还应备有砂箱、砂袋、石棉布、防火毯等灭火器材。

⑦ 灭火方法

a. 小火用湿布、石棉布覆盖燃烧物即可灭火。火势较大要用各种灭火器灭火，灭火器要根据现场情况及起火原因正确选用。加热试样或实验过程中起火时，应立即用湿抹布或石棉布熄灭灯火并同时拔去电炉插头，关闭总电源。特别是易燃液体和固体（有机物）着火时，不能用水去浇，应立即用消防砂、泡沫灭火器或干粉灭火器来扑灭。精密仪器则应用四氯化碳灭火器灭火。

b. 对活泼金属Na、K、Mg、Al等引起的火灾，应用干燥的细沙覆盖灭火。严禁用水、酸碱式灭火器、泡沫式灭火器和二氧化碳灭火器。

c. 衣服着火时应立即以毯子之类蒙盖在着火者身上以熄灭烧着的衣服，用水浸湿后覆盖效果更好，不能慌张跑动，用灭火器扑救时，注意不要对着脸部。

d. 电线着火时须立即关闭总电源，切断电流，再用四氯化碳灭火器熄灭已燃烧的电线，不准用水或泡沫灭火器熄灭燃烧的电线。

e. 在现场抢救烧伤患者时，应特别注意保护烧伤部位，不要碰破皮肤，以防感染。大面积烧伤患者往往会因为伤势过重而休克，此时伤者的舌头易收缩而堵塞咽喉，发生窒息而死亡。在场人员将伤者的嘴撬开，将舌头拉出，保证呼吸畅通。同时用被褥将伤者轻轻裹起来，送往医院治疗。

1.1.4 危险品的使用

1.1.4.1 易燃易爆危险品

防止燃烧和爆炸是正确使用易燃易爆危险品的关键。可燃气体或可燃液体的蒸气在空气中刚足以使火焰蔓延的最低浓度（％，体积分数）称为爆炸下限；同样刚足以使火焰蔓延的最高浓度（％，体积分数）称为爆炸上限。燃气体或可燃液体的蒸气在空气中的浓度（％，体积分数）处于爆炸下限与爆炸上限之间时，遇到火源就会发生爆炸，这个浓度范围称爆炸极限。浓度低于爆炸下限，遇到火源既不会爆炸，也不会燃烧；高于爆炸上限，遇到火源虽不会爆炸，但能燃烧。

燃烧是针对易燃液体和易燃固体。固体的燃烧危险度一般以燃点高低来区分。一级易燃固体如红磷、硝化纤维、二硝基化合物等；二级易燃固体如硫黄、镁粉、萘、樟脑等。可燃性物质在没有明火作用的情况下就能发生燃烧的现象叫自燃，发生自燃的最低温度叫自燃温度，如黄（白）磷34～35℃，乙醚170℃等，液体、固体在低温下能自燃，危险性更大。闪点是液体易燃性分级的标准，易燃和可燃性液体易燃性分级见表1-2。

表 1-2　易燃和可燃性液体易燃性分级表

类别	级别	闪点/℃	举　例
易燃液体	一级	低于28	汽油、苯、酒精
	二级	28～45	煤油、松香油
可燃液体	三级	45～120	柴油、硝基苯
	四级	高于120	润滑油、甘油

易燃易爆化学品使用注意事项如下。

① 强氧化剂和过氧化物与有机物接触，极易引起爆炸起火，混合危险一般发生在强氧化剂和还原剂间，所以严禁将它们随意混合或放在一起。

② 实验室使用易燃易爆物时，实验必须在远离火源的地方或通风橱中进行。对易燃液体加热不能直接用明火，必须用水浴、油浴或可调节电压的加热包。

③ 金属钾、钠、钙等易遇水起火爆炸，故须保存在煤油或液体石蜡中。黄磷保存在盛有水的玻璃瓶中，银氨溶液久置后会产生爆炸物质，故不能长期存放。

④ 含有有机溶剂的废液、废渣、燃着的火柴头都不能丢入废物篓中，应将它们埋入地下或经过燃烧除去。蒸馏、回流可燃液体，须防止局部过热产生爆沸液体冲出着火。

1.1.4.2 强腐蚀性危险品

① 高浓度的硫酸、盐酸、硝酸、强碱、溴、苯酚、三氯化磷、氟化氢、浓有机酸等都有极强的腐蚀性。

② 使用强腐蚀性药品须戴防护眼镜和防护手套。使用前熟悉药品性质，操作和使用严格按要求进行，如稀释硫酸时必须慢且充分搅拌，应将浓硫酸注入水中等。

③ 强腐蚀性药品溅到桌面或地上，可用沙土吸收，然后用大量水冲洗，切不可用纸片、抹布清除。

1.1.4.3 有毒危险品

根据毒物的半致死剂量或半致死浓度（LD_{50}）、工作场所最高允许浓度等指标全面权衡，将我国常见的56种毒物的危害程度分为极度危害、高度危害、中度危害、轻度危害四级。表1-3列出具体毒物危害程度级别。

在使用有毒危险品时应指定专人收发保管，使用时有人监督；取用剧毒药品必须穿防护服和长胶鞋，戴防护眼镜、防护手套、防毒面具或防毒口罩等。严防毒物从口、呼吸道、皮肤特别是伤口侵入人体；有毒的废液残渣不得乱丢乱放，必须进行妥善处理；制取、使用有毒气体必须在通风橱中进行。多余的有毒气体应先化学吸收后再排空；绝对不能进行危险操作，尽量使用最小剂量完成实验。

表 1-3 毒物危害程度级别

级别	毒 物 名 称
Ⅰ级（极度危害）	汞及其化合物、苯、砷及其无机化合物(非致癌的除外)、氯乙烯（单体）、铬酸盐及重铬酸盐、黄磷、铍及其化合物、对硫磷、羰基镍、八氟异丁烯、氯甲醚、锰及其无机化合物、氰化物
Ⅱ级（高度危害）	三硝基甲苯、铅及其化合物、二硫化碳、氯气、丙烯腈、四氯化碳、硫化氢、甲醛、苯胺、氟化氢、五氯酚及其钠盐、镉及其化合物、敌百虫、钒及其化合物、溴甲烷、硫酸二甲酯、金属镍、甲苯二异氰酸酯、环氧氯丙烷、砷化氢、敌敌畏、光气、氯丁二烯、一氧化碳、硝基苯
Ⅲ级（中度危害）	苯乙烯、甲醇、硝酸、硫酸、盐酸、甲苯、三甲苯、三氯乙烯、二甲基甲酰胺、六氟丙烯、苯酚、氮氧化物
Ⅳ级（轻度危害）	溶剂汽油、丙酮、氢氧化钠、四氟乙烯、氨

1.1.5 无机化学实验一般伤害处理

1.1.5.1 外伤

利器割伤如玻璃、金属割伤等，若伤口内有玻璃碎片先取出，让血流片刻，再用消毒棉花和硼酸水（或双氧水）洗净伤口，搽上碘酒、红药水、紫药水或贴上创可贴后包扎好。若伤口深，流血不止时，可在伤口上下10cm处用纱布扎紧，减慢流血有助血凝，并立即就医。

烫伤切勿用水冲洗，更不要把烫起的水泡挑破。可在烫伤处用$KMnO_4$溶液擦洗或涂上黄色的苦味酸溶液、玉树油、鞣酸油膏、烫伤膏或万花油。严重者应立即送医院治疗。

化学灼伤是由于化学物质直接接触皮肤所造成的损伤，首先使伤员脱离现场，送到空气新鲜和流通处，迅速脱除污染的衣物及佩戴的防护用品等。小面积化学灼伤创面经冲洗后，可根据灼伤部位及灼伤深度采取包扎疗法或暴露疗法。中、大面积化学灼伤，经现场抢救处理后应送往医院处理。常见的化学灼伤急救处理方法见表1-4。

1.1.5.2 毒物进口

溅入口中而尚未咽下的应立即吐出来，用大量水冲洗口腔；如吞下时，应立即服用肥皂液、蓖麻油，或服用一杯含5～10mL 5% $CuSO_4$溶液的温水，并用手指伸入咽喉部，以促使呕吐，然后立即送医院治疗。

(1) 腐蚀性毒物　对于强酸，先饮大量的水，再服氢氧化铝膏、鸡蛋白；对于强碱，先饮大量的水，然后服用醋、酸果汁、鸡蛋白。不论酸或碱中毒都需灌注牛奶，不要吃呕吐剂。

(2) 刺激性及神经性中毒　先服牛奶或鸡蛋白使之缓和，再服用硫酸镁溶液（约30g溶于一杯水中）催吐，有时也可以用手指伸入喉部催吐，之后立即送医院。

表 1-4 常见的化学灼伤急救处理方法

灼伤物质名称	急救处理方法
碱类：氢氧化钠、氢氧化钾、氨、碳酸钠、碳酸钾、氧化钙	立即用大量水冲洗，然后用 2%醋酸溶液洗涤中和，也可用 2%以上的硼酸水湿敷。氧化钙灼伤时，可用植物油洗涤
酸类：硫酸、盐酸、硝酸、高氯酸、磷酸、醋酸、蚁酸、草酸、苦味酸	立即用大量水冲洗，再用 5%碳酸氢钠水溶液洗涤中和，然后用净水冲洗
碱金属、氰化物、氰氢酸	用大量的水冲洗后，再用 0.1%高锰酸钾溶液冲洗，然后用 5%硫化铵溶液冲洗
溴	用水冲洗后，再以 10%硫代硫酸钠溶液洗涤，然后涂碳酸氢钠糊剂或用 1 体积氨水(25%)+1 体积松节油+10 体积乙醇(95%)的混合液处理
铬酸	先用大量的水冲洗，然后用 5%硫代硫酸钠溶液或 1%硫酸钠溶液洗涤
氢氟酸	立即用大量水冲洗，直至伤口表面发红，再用 5%碳酸氢钠溶液洗涤，再涂以甘油与氧化镁(2:1)悬浮液，或调上如意金黄散，然后用消毒纱布包扎
磷	如有磷颗粒附着在皮肤上，应将局部浸入水中，用刷子清除(不可将创面暴露在空气中或用油脂涂抹)，再用 1%～2%硫酸铜溶液冲洗数分钟，然后以 5%碳酸氢钠溶液洗去残留的硫酸铜，最后用生理盐水湿敷，用绷带扎好
苯酚	用大量水冲洗，或用 4 体积乙醇(7%)与 1 体积氯化铁(1/3mol/L)混合液洗涤，再用 5%碳酸氢钠溶液湿敷
氯化锌、硝酸银	用水冲洗，再用 5%碳酸氢钠溶液洗涤，涂油膏及磺胺粉
三氯化砷	用大量水冲洗，再用 2.5%氯化铵溶液湿敷，然后涂上 2%二巯基丙醇软膏
焦油、沥青(热烫伤)	以棉花蘸乙醚或二甲苯，消除粘在皮肤上的焦油或沥青，然后涂上羊毛脂

(3) 吸入刺激性气体或有毒气体 将中毒者搬到室外，解开衣领及纽扣。吸入少量氯气和溴气者，可吸入少量酒精和乙醚的混合蒸气以解毒或可用碳酸氢钠溶液漱口。若吸入了 H_2S、煤气而感到不适时，应立即到室外呼吸新鲜空气。

1.1.6 实验室废弃物的环保处理

实验室废弃物必须采取处理才能排放，应回收贵重和有用的成分。

1.1.6.1 废渣处理

废渣可分为有毒、无毒、有毒且不易分解等几种，对于无毒废渣做好掩埋地点记录后可直接掩埋；有毒的废渣必须经化学处理后深埋在远离居民区的指定地点；有毒且不易分解的废渣可以用专门的焚烧炉进行焚烧处理。有回收价值的废渣应该回收利用。

1.1.6.2 废液处理

(1) 中和法 酸性、碱性废液采用中和法。方法是将废酸液用适当浓度的碳酸钠或氢氧化钙水溶液中和，废碱液用适当浓度的盐酸溶液中和，或废酸废碱中和使 pH 在 6～8 范围内，并用大量水稀释后方可排放。

(2) 萃取法 含有机物质的废液采用萃取法。方法是将对污染物有良好溶解性但与水不互溶的萃取剂加入废水中，充分混合，以提取污染物，从而达到净化废水的目的。

(3) 化学沉淀法

① 氢氧化物沉淀法 含金属离子的废液用 NaOH 作为沉淀剂形成氢氧化物沉淀而除去，含镉废液加入消石灰等碱性试剂。

② 硫化物沉淀法 含汞、砷、锑、铋等离子的废液用 Na_2S、H_2S 或 $(NH_4)_2S$ 等作为沉淀剂处理。

③ 铬酸盐法　废液中的 CrO_4^{2-} 等用 $BaCO_3$ 或 $BaCl_2$ 作为沉淀剂除去。

④ 氧化还原法　在铬酸废液中，加入 $FeSO_4$、Na_2SO_3，使其变成三价铬后，再加入 NaOH（或 Na_2CO_3）等碱性试剂，调节溶液 pH 在 6～8，使三价铬形成 $Cr(OH)_3$ 沉淀除去。含氮废水、含硫废水及含酚废水等用氧化剂漂白粉处理，废水中的汞用铁屑、铜屑、锌粒等除去。

(4) 其他方法　汞及汞的化合物立即用吸管、毛笔或硝酸汞酸性溶液浸过的薄铜片将所有的汞滴拣起，收集于适当的瓶中，用水覆盖起来。散落过汞的地面应撒上硫黄粉，覆盖一段时间，使生成硫化汞后，再设法扫净，也可喷上 20% 的 $FeCl_3$ 溶液，让其自行干燥后再清扫干净。

1.1.6.3　废气处理

少量有毒气体可以在通风橱中进行，通过排风设备把有毒废气排到室外，利用室外的大量空气来稀释有毒废气。

较大量有毒气体应安装气体吸收装置来吸收气体，然后进行处理。常用的液体吸收剂有水、酸性溶液、碱性溶液、氧化剂溶液和有机溶剂。例如 HF、SO_2、H_2S、NO_2、Cl_2 等酸性气体，可以用 NaOH 水溶液吸收后排放；碱性气体如 NH_3 等用酸溶液吸收后排放；CO 可点燃转化为 CO_2 气体后排放。

废气与固体吸收剂接触，使废气中的污染物吸附在固体表面而被分离出来，主要用于废气中低浓度的污染物的净化，常用的吸附剂有活性炭、活性氧化铝、硅胶、分子筛、焦炭粉粒、白云石粉、蚯蚓粪等。

个别毒性很大或排放量大的废气，用吸附、吸收、氧化、分解等工业废气处理方法进行处理。

练习思考题

1. 实验室中的意外事故应如何处理？
2. 危险品的种类与使用方法？
3. 灭火器的种类有哪些？简述常用灭火器的性能及用途。
4. 实验室发生火灾的扑救方法？
5. 当你遇到一些化学灼伤时如何处理？
6. 运用所学知识说明如何处理实验室产生的废酸。

1.2　无机与分析化学实验常用试剂

1.2.1　化学试剂

1.2.1.1　化学试剂的分级和规格

(1) 化学试剂的规格　包装单位是指每个包装容器内盛装化学试剂的净质量（固体）或体积（液体），根据化学试剂的性质、用途和经济价值确定包装单位的大小。一般性质越活泼或越贵重，包装单位越小。我国规定化学试剂以下列五类包装单位包装。

第一类　0.1g、0.25g、0.5g、1g、5g 或 0.5mL、1mL；

第二类　5g、10g、25g 或 5mL、10mL、25mL；

第三类　25g、50g、100g 或 25mL、50mL、100mL，如以安瓿球包装的液体化学试剂增加 20mL 包装单位；

第四类　100g、250g、500g 或 100mL、250mL、500mL；

第五类　500g、1~5kg（每 0.5kg 为一间隔）或 500mL、1L、2.5L、5L。

根据化学试剂的性质选择包装材料，并且要执行国家标准。化学试剂的包装标志均应注明试剂名称、含量、类别、产品标准、生产厂家及生产批号（或生产日期）及杂质含量等。

(2) 化学试剂的分级　根据国家标准（GB），一般化学试剂按其纯度和杂质含量的高低分为标准试剂、普通试剂、高纯试剂、专用试剂四级。

① 标准试剂　标准试剂用于衡量其他（待测）物质化学量的标准物质，一般由大型试剂厂生产，并严格按照国家标准（GB）进行检验。特点是主体成分含量高且准确可靠，习惯称为基准试剂。

② 普通试剂　实验室广泛使用的通用试剂，一般分为四个等级，其规格及适用范围见表 1-5。

表 1-5　化学试剂的规格及适用范围

试剂级别	名称	符号	标签颜色	适用范围
一级品	优级纯	GR	绿色	纯度很高，适用于精密分析及科学研究工作
二级品	分析纯	AR	红色	纯度仅次于一级品，主要用于一般分析测试、科学研究及教学实验工作
三级品	化学纯	CP	蓝色	纯度较二级品差，适用于教学或精度要求不高的分析测试工作和无机、有机化学实验
四级品	实验试剂	LR	棕色或黄色	纯度较低，只能用于一般性的化学实验及教学工作

③ 高纯试剂　主体成分含量通常与优级纯试剂相当，但杂质含量比优级纯或基准试剂都低，而且规定的杂质检测项目比优级纯或基准试剂多 1~2 倍。高纯试剂主要用于微量分析中的试样的分解及试液的制备。目前只有近 10 种高纯试剂的国家标准，其他产品一般执行企业标准，在标签上标有"特优"或"超优"字样。

④ 专用试剂　具有特殊用途的试剂。该试剂与高纯试剂相似之处是主体成分含量高，而杂质含量很低。它与高纯试剂的区别是在特定用途中，有干扰的杂质成分只需控制在不致产生明显干扰的限度以下。生化试剂用于各种生物化学实验，指示剂也属于专用试剂。

按规定试剂瓶的标签上应标示试剂的名称、化学式、相对分子质量、级别、技术规格、产品标准号、生产许可证号（部分常用试剂）、生产批号、厂名等，危险品和毒品还应给出相应的标志。

1.2.1.2　化学试剂的取用

(1) 化学试剂的选用　试剂的纯度愈高其价格愈高，在能满足实验要求的前提下，尽量选用低价位的试剂。进行痕量分析时应选用高纯或优级纯试剂，以降低空白值和避免杂质干扰；在进行仲裁分析或试剂检验时应选用优级纯、分析纯；一般车间分析可选用分析纯、化学纯；某些制备实验、冷却浴或加热浴用的试剂可选用实验试剂或工业品。使用试剂时，应注意其级别应与相应级别的纯水以及容器匹配使用。

(2) 化学试剂的取用　固体试剂一般盛放在易于取用的广口瓶中。液体试剂和配制的溶液则盛放在易于倒取的细口瓶中，一些用量小而使用频繁的试剂，如指示剂、定性分析试剂等可盛放在滴瓶中。在取用试剂前要核对标签，确认无误后才能取用。

取用试剂必须遵守如下原则：不能使用变质的试剂；不弄脏试剂，试剂不能用手接触，固体试剂用洁净的药匙，多余的试剂绝不允许倒回原试剂瓶；试剂瓶盖绝不能张冠李戴；节约试剂，在实验中，试剂用量按规定量取，若书上没有注明用量，应尽可能取用少量，如取多了，将多余的试剂分给其他需要的同学使用，或放到指定的容器中供他人使用；取用易挥发的试剂，如HCl、浓HNO_3、溴等，应在通风柜中操作，防止污染室内空气；取用剧毒及强腐蚀性药品要注意安全，不要碰到手上以免发生伤害事故。

① 取用固体试剂一般用洁净干燥的药匙，专匙专用，有时也用纸条取用固体试剂，对于块状固体可用洁净、干燥的镊子夹取。

② 称取一定量固体试剂时，可将试剂放到纸上、表面皿等干燥洁净的玻璃容器或者称量瓶内，根据要求在天平上称量。称量具有腐蚀性或易潮解的试剂时，不能放在纸上，应放在表面皿等玻璃容器内。

③ 从试剂瓶中取用液体时，将试剂瓶塞倒放在桌上或用食指与中指夹住，右手握住瓶子，使试剂瓶标签向着掌心，以瓶口靠住容器口内壁，缓缓倾出所需液体，让液体沿着器壁往下流。若所用容器为烧杯，则右手握试剂瓶，左手拿玻璃棒，使玻璃棒的下端斜靠在烧杯内壁，将瓶口靠在玻璃棒上，使液体沿着玻璃棒往下流。倒完后应将瓶口在容器壁内壁（或玻棒）上靠一下，再使瓶子竖直，以避免液滴沿试剂瓶外壁流下，然后立即将瓶塞盖上。

④ 从滴瓶中取用液体试剂时，将滴管提出液面，用手指紧捏胶帽排出管中空气，然后插入液体中，慢慢放松手指吸入液体。垂直拿好滴管，将液体逐滴加入接受器中，滴管不能伸入接受器中。滴管用毕，应将剩余液体试剂滴入原滴瓶中，滴管放在原滴瓶上，滴管不能盛液倒置或管口向上倾斜放置，以免试剂被胶帽污染或者试剂腐蚀胶帽。滴管应专用。

⑤ 用吸管取试剂溶液时，不能用未经洗净的同一吸管插入不同的试剂瓶中取用。

（3）化学试剂的取用估量

① 对于液体试剂，一般滴管的20~25滴约为1mL，用滴管将液体（如水）滴入干燥的量筒，测量滴至1mL的滴数，即可求算出1滴液体的体积。

② 对于固体试剂，常要求取少量，可用药匙的小头取一平匙即可。

1.2.1.3 化学试剂的保管

一般的化学试剂应保存在通风、干燥、洁净的房间里，防止水分、灰尘、污染和变质。剧毒试剂应由专人妥善保管，用时严格登记。

（1）塑料瓶中保存 氢氟酸、含氟盐（氟化钾、氟化钠、氟化铵）、苛性碱（氢氧化钾、氢氧化钠）等容易侵蚀玻璃而影响试剂纯度，保存在塑料瓶或涂有石蜡的玻璃瓶中。

（2）棕色瓶中保存 过氧化氢、硝酸银、焦性没食子酸、高锰酸钾、草酸、铋酸钠等见光会逐渐分解的试剂，氯化亚锡、硫酸亚铁、亚硫酸钠等与空气接触易逐步被氧化的试剂，以及溴、氨水及乙醇易挥发的试剂等，放在棕色瓶内置冷暗处。

（3）密封保存 无水碳酸盐、苛性钠、过氧化钠等吸水性强的试剂应严格密封（蜡封）。

（4）分别保存 挥发性的酸与氨、氧化剂与还原剂易相互作用的试剂，易燃的试剂（如乙醇、乙醚、苯、丙酮）与易爆炸的试剂（如高氯酸、过氧化氢、硝基化合物）分开存放在阴凉通风、不受阳光直接照射的地方。

（5）特别保存 氰化钾、氰化钠、氢氟酸、二氯化汞、三氧化二砷（砒霜）等剧毒试剂应多人保管，经一定手续取用，以免发生事故。易吸湿或氧化的试剂则应贮存于干燥器中；

金属钠浸在煤油中；白磷要浸在水中等。

使用标准溶液前，应把试剂充分摇匀。

1.2.2 实验用水

1.2.2.1 实验用水分类和级别

经初步处理的自来水，除含有较多的可溶性杂质外，是比较纯净的水，在化学实验中常用作粗洗仪器用水、水浴用水及无机制备前期用水等。自来水再经进一步处理后所得的纯水，在实验中常用作溶剂用水、清洗仪器用水、分析用水及无机制备的后期用水等。

根据制备方法的不同，将无机与分析化学实验用水分为蒸馏水、电渗析水和离子交换水。我国实验室用水已经有了国家标准，GB 6682—92 规定实验用水的技术指标见表 1-6。

表 1-6 化学实验用水的级别及主要指标

指 标 名 称	一级	二级	三级
pH 范围(25℃)			6.0～7.5
电导率(25℃)/(mS/m)	≤0.01	≤0.10	≤0.50
可氧化物质(以 O 计)/(mg/L)		≤0.08	≤0.4
吸光度(254nm,1cm 光程)	≤0.001	≤0.01	
蒸发残渣(105℃±2℃)/(mg/L)		≤1.0	≤2.0
可溶性硅(以 SiO_2 计)/(mg/L)	≤0.01	≤0.02	

(1) 一级水　基本上不含有溶解杂质或胶态粒子及有机物。一级水用于制备标准水样或配制分析超痕量物质（10^{-9} 级）用的试液。它可用二级水经进一步处理制得，例如二级水经过再蒸馏、离子交换混合床、0.2μm 滤膜过滤等方法处理，或用石英蒸馏装置进一步蒸馏制得。

(2) 二级水　常含有微量的无机、有机或胶态杂质。用于配制分析痕量物质（10^{-9}～10^{-6} 级）用的试液。可用蒸馏、反渗透或离子交换法制得的水进行再蒸馏的方法制备。

(3) 三级水　适用于一般实验工作。配制分析 10^{-6} 级以上含量物质用的试液。可用蒸馏、反渗透或离子交换等方法制备。

1.2.2.2 实验用水的制备

(1) 蒸馏水　根据水与杂质的沸点不同，将自来水用蒸馏器蒸馏冷凝后而得到的水称为蒸馏水。由于可溶性盐不挥发，在蒸馏过程中留在剩余的水中，所以蒸馏水比较纯净。蒸馏水中的少量杂质，主要由于二氧化碳溶在水中生成碳酸，使蒸馏水显弱酸性；不锈钢、纯铝或玻璃材质的冷凝管和接受器可能带入金属离子；蒸馏时少量液体杂质成雾状飞出而进入蒸馏水。一次蒸馏水的纯水仍含有微量杂质，只能用于定性分析和一般的工业分析。多次蒸馏得到的二次、三次甚至更多次的高纯蒸馏水，可用于精确的定量分析和高纯度的仪器的洗涤。

在蒸馏水中加入少量高锰酸钾和氢氧化钡，再次进行蒸馏，以除去水中极微量的有机杂质、无机杂质以及挥发性的酸性氧化物（如 CO_2），这种水称为重蒸水（二次蒸馏水）。如要使用更纯净的蒸馏水，可进行第三次蒸馏，用于要求较高的实验。近年来出现的石英亚沸蒸馏器，它的特点是在液面上加热，使液面始终处于亚沸状态，蒸馏速度较慢，可将水蒸气带出的杂质减至最低，同时蒸馏时头和尾都弃 1/4，只接收中间段，在整个蒸馏过程中避免与大气接触可制得高纯水。高纯度的蒸馏水要用石英、银、铂、聚四氟乙烯蒸馏器，以免玻璃中所含钠盐及其他杂质会慢慢溶于水,而使水的纯度降低。

该法优点是操作简单,成本低,不挥发的离子型、非离子型物质均可除去;缺点是纯水产量低,纯度不高。

(2) 去离子水　用离子交换法制得的水叫离子交换水,因为溶于水的杂质离子已被除去,所以又称为去离子水。去离子水的纯度很高,因未除去非离子型杂质,含有微量有机物,故为三级水。

具体操作是将水依次通过阳离子交换树脂柱、阴离子交换树脂柱及阴、阳离子树脂混合交换柱,水中的阳离子就被阳柱中的阳离子交换树脂所吸附,阴离子就被阴柱中的阴离子交换树脂所吸附,自来水就变成了纯水。该法的优点是产量大,成本低,水质高。缺点是操作较复杂,水中有机物较难除去,尚有少量树脂溶解在纯水中。本法适合学校实验室用纯水。

(3) 电渗析水　用电渗析法制得的水称为电渗析水。利用离子交换膜在直流电场的作用下,使水中的阴、阳离子透过阴、阳离子交换膜,达到除去杂质离子净化水的目的。此方法去除杂质的效率不是很高,比蒸馏水纯度略低。接近三级水的质量。

(4) 特殊用水

① 无二氧化碳水　将蒸馏水或去离子置于烧瓶中,煮沸 10min,立即用装有钠石灰干燥管的胶塞塞紧瓶口,冷却后即可。常用于酸碱滴定法中碱标准溶液的配制。

② 无氧水　将普通纯水置于烧瓶中,煮沸 1h,立即用装有玻璃导管(导管与盛有 100g/L 焦性没食子酸的碱性溶液连接)的胶塞塞紧瓶口,冷却后即可。常用于氧化还原滴定法中某些物质的测定。

③ 高纯水　将蒸馏法、离子交换法或电渗析法制备的纯水作为水源,经超纯水制备装置可制得不含有机物、无机物、微粒固体和微生物的超纯水。贮存于聚乙烯、有机玻璃或石英容器中,常用于原子光谱、高效液相色谱等仪器分析中。

④ 不含氯的水　加入亚硫酸钠等还原剂将自来水中的余氯还原为氯离子,用附有缓冲球的全玻璃蒸馏水器进行蒸馏。

⑤ 不含氨的水　向水中加入硫酸至 pH<2,使水中的氨或胺都转变成不挥发的盐类,收集馏出液。

⑥ 不含酚的水　加入氢氧化钠至水的 pH 值大于 11(可同时加入少量高锰酸钾溶液使水呈紫红色),使水中酚生成不挥发的酚钠后进行蒸馏制得;或用活性炭吸附法制取。

⑦ 不含砷的水　通常使用的普通蒸馏水或去离子水基本不含砷,对所用蒸馏器、树脂管和贮水容器要求不得使用软质玻璃(钠钙玻璃)制品,进行痕量砷测定时则应使用石英蒸馏器或聚乙烯树脂管及贮水容器制备和盛贮不含砷的蒸馏水。

⑧ 不含铅(重金属)的水　用氢型强酸性阳离子交换树脂制备不含铅(重金属)的水,贮水容器应做无铅预处理后方可使用(将贮水容器用 6mol/L 硝酸浸洗后用无铅水充分洗净)。

⑨ 不含有机物的水　将碱性高锰酸钾溶液加入水中再蒸馏,在再蒸馏的过程中应始终保持水中高锰酸钾的紫红色不得消褪,否则应及时补加高锰酸钾。

制得的纯水只有经过检验合格后,才可以在实验中使用。纯水并不是绝对不含杂质,只是杂质含量极微少而已。根据制备方法和所用仪器的材料不同,其杂质的种类和含量也有所不同。纯水的质量可以通过检查水中杂质离子含量的多少来确定。

1.2.3 试纸和滤纸

1.2.3.1 化学试纸的种类和使用

试纸是用滤纸浸渍指示剂或液体试剂而制成的,用于定性检验一些溶液的性质或某些物质的存在。其特点是制作简易,使用方便,反应快速。

(1) pH 试纸 pH 试纸用于检测溶液的 pH,国产 pH 试纸分为广泛 pH 试纸和精密 pH 试纸两种。广泛的 pH 试纸测定范围在 pH=1~14,用来粗略检验溶液的 pH,其测定的 pH 变化值为 1 个单位。精密 pH 试纸在 pH 变化较小时就有颜色的变化,它可用来较准确地测定溶液的 pH 值,其测定的 pH 变化值小于 1 个单位。精密 pH 试纸有很多种,按测定范围不同分为 pH=2.7~4.7、3.8~5.4、5.4~7.0、6.9~8.4、8.2~10.0、9.5~13.0 等。精密 pH 试纸很容易受空气中酸碱气体干扰,不易保存。

具体测定方法是用镊子取一小块试纸放在干净的表面皿边沿或滴板上。用玻璃棒将待测溶液搅拌均匀,用棒端蘸取少量溶液点在试纸中部,立即观察试纸的颜色并与标准比色卡比较,即可确定溶液的 pH。

(2) 刚果红试纸 刚果红试纸是常用的酸碱试纸。其变色范围为 pH=3.0~5.2,小于 3.0 时显蓝紫色,大于 5.2 时显红色。使用方法同 pH 试纸。

(3) 石蕊试纸 石蕊试纸用于检测溶液的酸碱性,分红色和蓝色两种。酸性溶液使蓝色石蕊试纸变红,碱性溶液使红色石蕊试纸变蓝。使用方法同 pH 试纸。

(4) 淀粉碘化钾试纸 将 3g 可溶性淀粉放入 25mL 水中搅匀,倾入 225mL 沸水中,再加 1g KI 和 1g Na_2CO_3,用水稀释至 500mL。将滤纸放入浸泡后,取出在阴凉处晾干成白色,剪成条状贮存于棕色瓶中备用。该试纸可用来检验 Cl_2、Br_2、NO_2、O_2、$HClO$、H_2O_2 等氧化剂。

使用方法是取一小块试纸润湿后放在盛装待测溶液的试管口上,气体溢出后,观察试纸是否变蓝色,据此可判断是否有以上氧化性气体产生,如果试纸变为蓝色,则存在氧化性气体,否则则无。有时也可将溶液滴在试纸上,通过观察试纸是否变蓝色判断溶液中是否有氧化性物质存在。

(5) 醋酸铅试纸 将滤纸剪成适当的大小,用 3% $Pb(Ac)_2$ 溶液浸泡后,在无 H_2S 的环境中晾干而成白色。此滤纸可用来检验痕量的 H_2S。

$$Pb(Ac)_2 + H_2S \Longrightarrow PbS\downarrow + 2HAc$$

沉淀呈黑褐色并有金属光泽。有时颜色较浅,以有金属光泽为特征。若溶液中 S^{2-} 的浓度较小,加酸酸化逸出 H_2S 太微,用此试纸就不易检出。

使用方法是取一小块试纸润湿后放在盛装反应溶液的试管口上,如果试纸变成黑色,并有金属光泽,据此可判断有 H_2S 气体产生。

(6) 硝酸银试纸 将滤纸放入 2.5% 的 $AgNO_3$ 溶液中浸泡后,取出晾干即成,保存在棕色瓶中备用。硝酸银试纸为黄色,遇 AsH_3 有黑斑形成。

$$AsH_3 + 6AgNO_3 + 3H_2O \Longrightarrow 6Ag\downarrow(黑斑) + 6HNO_3 + H_3AsO_3$$

使用时注意切勿将试纸投入溶液中,以免污染溶液。使用试纸时,每次用一小块即可。取用时要用镊子取出放在洁净的表面皿上,不要用手拿,以免污染试纸。试纸应存放在具塞容器中,从容器中取出所用的试纸后应立即盖严容器,以免试纸被空气中其他气体污染。

1.2.3.2 滤纸和滤膜

(1) 滤纸的种类　滤纸根据使用目的的不同分为定性分析滤纸和定量分析滤纸两种；按过滤速度和分离性能的不同，又分为快速、中速和慢速三种，在滤纸盒上分别以白带、蓝带和红带作为标志。

定量分析滤纸已用盐酸、氢氟酸、蒸馏水洗涤处理过，它的灰分很少，又称无灰滤纸，用于精密的定量分析中。定性滤纸的灰分较多，只能用于定性分析和一般分离沉淀时使用。用于称量分析的滤纸是定量滤纸。定性滤纸主要用于一般沉淀的分离，不能用于重量分析。

用于固体物质称量的实验用纸称称量纸。普通称量纸适用于托盘天平上性质稳定的固体物质的称量；硫酸纸适宜于分析天平上固体物质的准确称量。

(2) 滤纸的规格　滤纸外形有圆形和方形两种。常用的圆形滤纸有7cm、9cm、11cm等规格。方形滤纸都是定性滤纸，有60cm×60cm、30cm×30cm等规格。国产圆形滤纸型号与性质见表1-7。

表1-7　国产圆形滤纸型号与性质

分类与标志		型号	灰分/(mg/张)	孔径/μm	过滤物性状	适于过滤的沉淀	相对应的砂芯玻璃坩埚号
定量滤纸	快速黑色或白色纸带	201	<0.10	80～120	胶状沉淀物	$Fe(OH)_3$ $Al(OH)_3$ H_2SiO_3	P70 P50 可抽滤稀胶体
	中速蓝色纸带	202	<0.10	30～50	一般结晶形沉淀	H_2SiO_3 $MgNH_4PO_4$ $ZnCO_3$	P30 可抽滤粗晶形沉淀
	慢速红色或橙色纸带	203	<0.10	1～3	较细结晶形沉淀	$BaSO_4$ CoC_2O_4 $PbSO_4$	可抽滤细晶形沉淀
定性滤纸	快速黑色或白色纸带	101	0.2%或<0.150	>80	无机物沉淀的过滤及有机物重结晶的过滤		
	中速蓝色纸带	102	0.2%或<0.150	>50			
	慢速红色或橙色纸带	103	0.2%或<0.150	>3			

1.2.4　气体钢瓶

使用钢瓶的主要危险是当钢瓶受到撞击或加热可能发生爆炸。别外，有一些气体有剧毒，一旦泄漏会造成严重后果。

实验室通常将气体压缩成为压缩气体或液化气体，灌入耐压钢瓶内，以便于使用贮存和运输，钢瓶按贮存的气体通常最高压力可分为15MPa、20MPa、30MPa三种，最常用15MPa(150atm)的气体钢瓶，钢瓶的容量以40L居多。

1.2.4.1　气体钢瓶的种类

(1) 按气体的物理性质分类　压缩气体如氧、氢、氮、氩、氦等惰性气体；溶解气体如乙炔（溶解于丙酮中，加有活性炭等）；液化气体如二氧化碳、一氧化二氮、丙烷、石油气等；低温液化气体如液态氧、液态氮、液态氩等。

(2) 按气体的化学性质分类　可燃气体如氢、乙炔、丙烷、石油气等；助燃气体如氧、一氧化二氮等；不燃气体如二氧化碳、氮等；惰性气体如氦、氖、氩、氪、氙等。

1.2.4.2 钢瓶的标记

为了安全，便于识别和使用，各种气体钢瓶的瓶身都涂有规定颜色的漆，并用规定颜色的色漆写上气瓶内容物的中文名称，画出横条标志。表1-8为常用的几种气体气瓶标记。

表1-8 常用的几种气体气瓶的标记

钢瓶名称	外表面颜色	字样	字样颜色	横条颜色
氧气瓶	天蓝	氧	黑	—
医用氧气瓶	天蓝	医用氧	黑	—
氢气瓶	深绿	氢	红	红
氮气瓶	黑	氮	黄	棕
纯氩气瓶	灰	纯氩	绿	—
灯泡氩气瓶	黑	灯泡氩气	天蓝	天蓝
二氧化碳气瓶	黑	二氧化碳	黄	黄
氨气瓶	黄	氨	黑	—
氯气瓶	草绿	氯	白	白
乙烯气瓶	紫	乙烯	红	—

1.2.4.3 注意事项

高压气瓶是专用的压力容器，必须定期进行技术检验。一般气体钢瓶，三年检验一次；腐蚀性气体钢瓶两年检验一次；惰性气体钢瓶每五年检验一次。

① 高压气瓶通常应存放在实验室外专用房间里，不可露天放置。要求通风良好。远离明火、热源，距离不小于10m，环境温度不超过40℃。必须与爆炸物品、氧化剂、易燃物、自燃物及腐蚀性物品隔离。

② 搬运钢瓶要戴上瓶帽和橡皮腰圈。为了保护开关阀，避免偶然转动，要旋紧钢瓶上的安全帽，移动钢瓶时不能用手执着开关阀，也不能在地上滚动，避免撞击。

③ 钢瓶使用的减压阀要专用。氧气钢瓶使用的减压阀可用在氮气或空气钢瓶上；但用于氮气钢瓶的减压阀如要用在氧气钢瓶上，必须将油脂充分洗净，严禁油脂污染。

④ 乙炔钢瓶内填充有颗粒状的活性炭、石棉或硅藻土等多孔性物质，再掺入丙酮，使通过的乙炔溶解于丙酮中，15℃时达 1.5×10^6 Pa。所以乙炔瓶不得卧放，用气速度也不能过快，以防带出丙酮。乙炔瓶易燃、易爆，应禁止接触火源。乙炔管及接头不能用紫铜材料制作，否则将形成一种极易爆炸的乙炔铜。开瓶时，阀门不要充分打开，一般不超过1.5转，以防止丙酮溢出。钢瓶内乙炔压力低于0.2MPa时，不能再用，否则瓶内丙酮沿管通入火焰，导致火焰不稳、噪声加大、影响测定准确度。

⑤ 钢瓶内气体不能全部用尽，以防其他气体倒灌，新灌气时发生危险。其剩余残压不应小于 9.8×10^5 Pa。

⑥ 氧气是强烈的助燃气体，纯氧在高温下很活泼。温度不变而压力增加时，氧气可与油类发生强烈反应而引起爆炸。因此氧气钢瓶严禁同油脂接触。氧气钢瓶中绝对不能混入其他可燃气体。钢瓶中压力在1.0MPa（10atm）以下时，不能再用，应该灌气。

⑦ 瓶壁有裂纹、渗漏或明显变形的应报废；高压气瓶的容积残余变形率大于10%的必须报废；经测量最小壁厚，进行强度校核，不能按原设计压力使用的必须降压使用。

练习思考题

1. 一般化学试剂有哪些规格？各有什么用途？怎样合理选用？

2. 化学试剂的保管有哪些注意事项?
3. 化学试剂的标签上包含哪些内容?
4. 实验室使用的纯水有几种级别?各有何用途?
5. 简述实验室制备纯水的方法。简述常用特殊用水的制备方法。
6. 自来水为什么不能直接用于化学实验?
7. pH试纸的使用方法?
8. 气体钢瓶的种类有哪些?叙述使用气体钢瓶的注意事项。

1.3 无机与分析化学实验报告

1.3.1 无机与分析化学实验课的学习方法

无机与分析化学实验课是一门应用性很强的课程,在学习时既要认真仔细、规范操作,又要勤于思考,学用结合,训练操作技能,培养对实验的兴趣。

1.3.1.1 实验前充分预习

要求学生既动手进行实验的训练,又要动脑思考问题,在进行每一项实验时就要求学生必须做好预习工作。做到对实验的各个环节心中有数,不能照方抓药,事先做好充分准备,胸有成竹,合理安排各个环节。学生在实验前必须认真阅读实验教材、有关教科书和参考资料,查阅有关数据。明确实验目的和基本原理,了解实验的内容和实验时应注意的细节,熟悉安全注意事项;合理安排实验进度,写出实验预习报告。预习报告内容包括实验题目、目的要求、实验原理、实验所需物品、实验步骤、实验记录、注意事项等。书写时应简明扼要,切忌照抄照搬全书,实验过程或方法可按不同实验要求,用方框、箭头或表格形式表达。

1.3.1.2 实验过程中实事求是

学生实验中按操作步骤规范操作、仔细观察、及时认真规范记录,规范操作是保证实验安全和成功的前提,仔细观察是获取知识的有效手段,记录是实验中得到的基本资料,是研究工作的原始记载,是整理实验报告和研究论文的根本依据,也是培养学生严谨的科学作风和良好工作习惯的重要环节。实验中应做到以下几点。

(1) 观察现象 现象包括气体的产生,沉淀的生成,颜色的变化及温度、压力、流量等参数的变化,根据不同的实验类型,规范记录需要的现象和数据。

(2) 判断能力 通过现象看本质,一旦发现实验现象和理论不符合,应首先尊重实验事实,并认真分析和检查其原因,也可以做对照试验、空白试验或自行设计实验来核对,必要时应多次重做验证,从中得到有益的结论,决不能随意认定实验失败而中止实验。

(3) 善于思考 仔细研究实验中产生的现象,分析、解决遇到的问题,对感性认识作出理性分析,找出正确的实验方法,逐步提高思维能力。提倡学生之间或师生之间进行讨论,提高每次实验的效率。

1.3.1.3 实验后认真总结

实验操作完成之后,重要的工作是分析实验现象,整理实验数据,把直接的感性认识提高到理性认识阶段,对所学知识举一反三。对实验中遇到的问题、异常现象进行讨论,分析原因,提出解决办法,对实验结果误差进行分析,说明原因。对所做实验进行总结并做出结论，对实验提出改进意见。这些工作都需要通过书写实验报告来训练和完成，撰写实验报告叙述应简明扼要，文字通顺，条理清楚，字迹端正，图表清晰，格式统一。

1.3.2 无机与分析化学实验报告格式

1.3.2.1 实验数据的记录

化学实验中的各种测量数据及有关现象应及时、准确、详细而如实地记录在专门的实验原始记录本上，切忌带有主观因素，更不能随意抄袭、拼凑或伪造数据。

① 准备专门的实验记录本，并标上页码，不得撕页。要尽量采用一定的表格形式切忌使用单页纸，或随意记在其他地方。

② 实验记录上要写明日期、实验名称、实验条件、仪器的型号、标准溶液浓度、室温、测定次数、实验数据及检验人。

③ 记录应及时、准确清楚，记录数据时，要实事求是。要有严谨的科学态度，切忌夹杂主观因素，决不能随意拼凑和伪造数据。原始数据不准随意涂改，不能缺项。数据需要改动时，可将该数据用一横线划去，并在其上方写上正确数字。

④ 实验过程中记录测量数据时，其数字的准确度应与分析仪器的准确度相一致，只能保留最后一位可疑数字。如用万分之一分析天平称量时，要求记录至 0.0001g；常量滴定管和吸量管的读数应记录至 0.01mL。

⑤ 实验结束后，应该对记录是否正确、合理、齐全，平行测定结果是否超差，是否需要重新测定等进行核对。

1.3.2.2 实验报告的格式

实验报告是总结实验情况，分析实验中出现的问题，归纳总结实验结果，提高学习能力不可缺少的环节。

实验报告内容包括实验名称，实验日期，实验目的，实验原理，仪器试剂，实验步骤，思考题。

化学检验报告是一种技术文件，是生产控制、商品流通、环境监测、产品开发以及科学研究领域所必需的文件，出具化学检验报告是化学检验人员必须具备的能力。主要内容包括样品的名称、编号，分析检验项目，平行测定次数（通常为 3 次），测定的平均值（或中位值）、标准偏差或相对平均偏差，实验结论，检验人，复核人，检验日期。

(1) 修约值比较法　将测定值进行修约，修约位数与标准规定的极限数值位数一致，再进行比较，以判定该测定值是否符合标准要求，见表 1-9。

表 1-9　修约值比较法

项　目	极限数值	测定值	修约值	是否符合标准要求
NaOH 含量/%	≥97.0	97.01	97.0	符合
		96.96	97.0	符合
		96.93	96.9	不符
		97.00	97.0	符合

(2) 全数值比较法　将检验所得的数值不经修约处理（或作修约处理，但应表明它是经舍、进或不进不舍而得），用数值的全部数字与标准规定的极限数值作比较，以判定该测定值是否符合标准要求，见表 1-10。

表 1-10　全数值比较法

项　目	极限数值	测定值	修约值	是否符合标准要求
NaOH 含量/%	≥97.0	97.01	97.0(+)	符合
		96.96	97.0(−)	不符
		96.93	96.9(+)	不符
		97.00	97.0	符合

若标准中极限数值未加说明时，均采用全数值比较法。

1.3.2.3　实验结果的表达

（1）列表法　将实验数据中的自变量和因变量数值按一定形式和顺序一一对应列成表格，这种表达方式称为列表法。列表法简单易行、直观，形式紧凑，便于参考比较，在同一表格内，可以同时表示几个变量间的变化情况。实验的原始数据一般采用列表法记录。列表时包括表的序号、名称、项目、说明及数据来源，在表内或表外适当位置应注明如室温、大气压、温度、日期与时间、仪器与方法等条件。直接测量的数值可与处理的结果并列在一张表上，必要时在表的下方注明数据的处理方法或计算公式。

（2）作图法　将实验数据按自变量与因变量的对应关系绘制成图形，这种表达方式称为作图法。作图法可以形象、直观地表示出各个数据连续变化的规律性，以及如极大、极小、转折点等特征，并能从图上求得内插值、外推值、切线的斜率以及周期性变化等，便于进行分析和研究，是整理实验数据的重要方法。

随着计算机的普及，各种软件均有作图的功能，应尽量使用。

练习思考题

1. 无机与分析化学实验课如何来学习？
2. 实验数据如何记录？
3. 实验结果如何表达？

第 2 章　无机与分析化学基本操作技术

2.1　洗涤与干燥技术

2.1.1　玻璃仪器的洗涤

2.1.1.1　洗涤液

（1）洗涤液的种类　水；肥皂液、合成洗涤剂，如洗衣粉、去污粉等；还原性洗涤液，如草酸加稀盐酸、硫酸亚铁酸性溶液等；强氧化性洗涤液，如铬酸洗液；碱性洗液，如纯碱溶液；酸溶液，如浓盐酸、浓硫酸等。

（2）洗涤液的选择　洗涤时可根据污物的特点选择不同的洗涤液，如可溶于水的污物、灰尘等用自来水；油脂等不溶于水的有机物可选择肥皂、合成洗涤剂或碱性洗液、铬酸洗液；氧化性污物选择浓盐酸、草酸洗液。

根据洗涤方式选择，肥皂、肥皂液、洗衣粉、去污粉用于可以用刷子直接刷洗的仪器，如烧杯、锥形瓶、试剂瓶等；洗液多用于不便用刷子洗刷的仪器，如滴定管、移液管、容量瓶等特殊形状的仪器。

若容器壁上黏附硫黄，可用煮沸的石灰水处理；附着银、铜用硝酸处理；瓷研钵内有污迹时，可用少量食盐在研钵内研磨后倒掉，再用水洗；被有机物染色的比色皿，一般用体积比为 1∶2 的盐酸-酒精溶液处理；甲苯、二甲苯、汽油等可以洗油垢，酒精、乙醚、丙酮可以冲洗洗净后带水的仪器。

（3）洗涤液的配制

① 铬酸洗液　称取 5g 研细的重铬酸钾固体，溶于 10mL 热水中，冷却后放在冷水浴中边搅拌边慢慢加入 100mL 浓硫酸，配制过程温度不能过高，混合均匀后冷却，装瓶备用。新配制的洗液为红褐色，氧化能力很强，可洗去油脂等有机物，此外对于其他洗涤液洗刷不掉的污物以及口小、管细等形状特殊不便用毛刷刷洗，或者对仪器洁净程度要求很高如滴定管、移液管等，均可选用铬酸洗涤液。

使用时应先用水或去污粉将容器洗一下，倒掉液体后，将洗液倒入仪器中（一般占容积的 1/5），慢慢转动并倾斜仪器，使容器内壁完全被洗液润湿后，再转动仪器使洗液在仪器内流动几圈，将洗液倒回原瓶重复使用；对污染严重的仪器可放在洗液中浸泡或用热的洗液洗涤，洗涤完毕后，将仪器取出后用水冲洗干净。操作时要戴橡胶手套，切勿将洗液溅到身上，以防损伤皮肤；也不允许将毛刷放入洗液中。如果不慎将洗液洒在皮肤、衣物和实验桌上，应立即用水冲洗。该洗液要密闭保存，因铬酸洗液成本较高且有毒性和强腐蚀性，尽可能不用或少用。当洗液用久后变为黑绿色，说明洗液已无氧化洗涤力。

② 碱性洗液　多采用 10% 以上的 NaOH、KOH 或 Na_2CO_3 溶液，使用时将仪器浸泡在洗涤液中 24h 以上或浸在溶液中煮沸（注意：煮沸时间太长会腐蚀玻璃），去除污物后将仪器从碱液中捞出，用水冲洗干净，操作时要戴橡胶手套，以免烧伤皮肤。

③ 碱性高锰酸钾洗液　取 4g 高锰酸钾加少量水溶解后，再加入 10% 氢氧化钠 100mL。适用于洗涤有油污或其他有机物的器皿，但作用缓慢，因其腐蚀玻璃，故不用来清洗精密仪器。使用时将洗液倒入被洗仪器中，浸泡一段时间，倒出洗涤液，留在容器中的褐色痕迹为二氧化锰，可用浓盐酸或草酸洗液、硫酸亚铁、亚硫酸钠等还原剂洗去。

④ 酸溶液　浓硫酸、浓硫酸、浓硝酸、工业盐酸、（1:1）盐酸、（1:2）硝酸可直接作为洗液使用，可洗去碱性物质及大多数无机物残渣。使用时浸泡或浸煮器皿，但温度不能太高，否则浓酸挥发有刺激性。去除污物后将仪器捞出，用水冲洗干净，操作时要戴橡胶手套，同时注意不要将酸液溅到衣物上造成损伤。

⑤ 草酸洗液　将 5～10g 草酸溶于 100mL 水中，再加入少量浓盐酸。可洗去高锰酸钾洗液洗后残留的二氧化锰，必要时可加热使用。

2.1.1.2　洗涤方法

玻璃仪器的洗涤方法根据实验要求、污物性质、玷污程度来选择。

（1）振荡洗涤　向仪器内注入近 1/3 的水，稍用力振荡后，将水倒掉，连洗数次即可。

（2）刷洗　仪器内壁附有不易冲洗掉的物质可采用毛刷刷洗。洗刷时，先将容器内的废液倒掉，注入近一半水，选择好合适的毛刷，蘸取少量去污粉转动或上下移动试管刷，来回柔力刷洗。刷洗时不能选用秃头毛刷，也不能用力过猛，以防试管损坏。如图 2-1 和图 2-2 所示。

图 2-1　手拿毛刷的位置

图 2-2　来回柔力刷洗

（3）浸泡洗涤　若仪器附有难以刷洗掉的污物，可倒去容器内的液体，将其在铬酸洗液中浸泡一段时间，然后取出。也可将少量洗液倒入容器，慢慢转动容器，使容器壁完全被洗液润湿，洗净后倒出洗液，用水冲洗干净。

（4）超声清洗　把待清洗的仪器放在装有合适洗涤剂的超声清洗器中接通电源，利用超声波的能量和振动，将仪器清洗干净，该方法省时方便。

2.1.1.3　洗涤步骤

洗涤玻璃仪器时，先用自来水冲洗，不能奏效时再用洗衣粉或去污粉刷洗。若仍有洗不去的污物，可根据情况选择合适的洗液洗涤。洗涤完毕后，都要用自来水冲洗干净，此时仪器内壁应不挂水珠，这是玻璃仪器洗净的标志。必要时再用少量蒸馏水淋洗 2～3 次。对于口小、管细等形状特殊不便用毛刷刷洗或者对仪器洁净程度要求很高（如滴定管、移液管等）的情况，可用铬酸洗液处理一段时间（一般放置过夜），然后用自来水清洗，最后用蒸馏水冲洗。

2.1.1.4　洗净的检查

已洗净的容器壁上，不应附着不溶物或油污。检查仪器是否洗净时，可加少量水振荡，使器壁被水完全润湿,然后将仪器倒置,如水立即顺着器壁流下,器壁上只留下一层既薄又均匀的水膜,而不挂有水珠,说明已洗净,如图 2-3 所示。

(a) 洗净:器壁上不挂水珠　　　(b) 未洗净:器壁上挂水珠

图 2-3　洗净的标准

2.1.1.5　玻璃仪器的管理

① 每次实验结束后,所有仪器应及时清洗干净,放回原处。

② 玻璃仪器存放宜按种类、规格顺序存放,放置时尽可能倒置,这样既可以自然控干,又能防尘。可在贮存柜子的隔板上钻孔,便于将仪器倒插于孔中。

③ 滴定管用完洗净后,可装满纯水,夹在滴定管架上、管口戴一塑料帽。或倒夹于滴定管架上。吸量管可用纸包住两端,置于吸管架上(横式)。

④ 成套的专用仪器,用毕洗净后,放回原用的包装盒中。小件仪器,可放在带盖的托盘中。最好是塑料托盘,盘内要垫层洁净滤纸。已烘干并需要在干燥状态使用的小件仪器、要存放于干燥器内。

⑤ 磨口仪器如容量瓶、碘量瓶等,洗净后应在磨口处垫一纸条再加盖塞子,以防下次使用时打不开盖子。

2.1.2　玻璃仪器的干燥

2.1.2.1　晾干

对不急于使用的仪器,洗净后将仪器倒置在格栅板上或实验室的干燥架上,让其自然干燥,注意仪器要放稳,如图 2-4 所示。

图 2-4　晾干　　　　　图 2-5　吹干　　　　　图 2-6　气流吹干

2.1.2.2　吹干

仪器洗涤后若需立即使用,可将仪器倒置稍控干水,再用电吹风或玻璃仪器气流烘干器吹干。使用电吹风机时,一般先用热风将仪器吹干,再用冷风使其冷却,如图 2-5 和图 2-6 所示。

2.1.2.3　烤干

烤干是通过加热使仪器中的水分迅速蒸发而干燥的方法。加热前先将仪器外壁擦干,然后用小火烘烤。烧杯等放在石棉网上加热,试管用试管夹夹住,在火焰上来回移动,试管口略向下倾斜,直至除去水珠后再将管口向上赶尽水汽,如图 2-7 所示。

 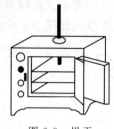 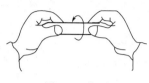

图 2-7　烤干　　　　　　图 2-8　烘干　　　　　　图 2-9　快干

2.1.2.4　烘干

将洗净的仪器控去水分，放在电烘箱的隔板上，温度控制在 105～110℃烘干，如图 2-8 所示。电烘箱又叫电热恒温干燥箱，是干燥玻璃仪器常用的设备，也可用于干燥化学药品。

带有精密刻度的计量容器不能用加热方法干燥，否则会影响仪器的精度，其可采用晾干或冷风吹干的方法干燥。

2.1.2.5　快干（有机溶剂法）

在洗净的仪器内加入少量易挥发且能与水互溶的有机溶剂（如丙酮、乙醇等），转动仪器使仪器内壁湿润后，如图 2-9 所示，倒出混合液（回收），然后晾干或吹干，有机溶剂应回收。一些不能加热的仪器（如比色皿等）或急需使用的仪器可用此法干燥。

练习思考题

1. 举例说明不同玻璃仪器和不同污物要选择不同的洗涤剂，采用不同的洗涤方法。
2. 带有刻度的计量仪器应怎样干燥？
3. 玻璃仪器洗净的标志是什么？
4. 简述玻璃仪器洗涤的一般过程。

2.2　加热与冷却技术

2.2.1　常用的热源

2.2.1.1　酒精灯

（1）酒精灯　酒精灯由玻璃制成，它由灯壶、灯帽和灯芯构成，加热温度为 400～500℃。灯焰分为外焰、内焰和焰心三部分。使用酒精灯时，首先要检查灯芯，将灯芯烧焦和不齐的部分修剪掉，再用漏斗向灯壶内添加酒精，加入的酒精量不能超过总容量的 2/3。加热时，要用灯焰的外焰加热。熄灭时要用灯帽盖灭，不能用嘴吹灭。使用酒精灯时还需注意，酒精灯燃着时不能添加酒精，不要用燃着的酒精灯去点燃另一盏酒精灯。

（2）酒精喷灯　酒精喷灯是用酒精蒸气燃烧加热的仪器，用作高温热源，火焰温度可达 700～1000℃，有挂式和座式两种。

座式酒精喷灯的构造如图 2-10 所示。使用方法是：旋开铜帽，通过漏斗把酒精加入酒精壶。酒精量以不超过酒精壶容积的 2/3 为宜（约 200mL），旋紧铜帽，将灯身倾斜，使灯管内的灯芯被酒精润湿。再用捅针捅一捅酒精蒸气出口，以保证出气口畅通。往预热盘里注入一些酒精，点燃酒精使灯管受热（此时要转动空气调节器，将进气孔调到最小），待酒精汽化从灯管喷出时，预热盘内燃着的火焰可把喷出的酒精蒸气点燃；无法点燃时，也可把燃着的火柴放在灯管口上方点燃。点燃后，上下移动调节器，调节火焰为正常火焰，进入的空气越多，火焰温度越高。

注意：连续使用不能超过半小时，如果超过半小时，必须暂时熄灭喷灯，待冷却后，添加酒精再继续使用。使完用毕后，用石棉网或硬质板平压灯管上口，盖灭火焰。然后垫着布（以免烫伤）旋松铜帽，使灯壶内温度较高的酒精蒸气逸出。若长期不用时，须将酒精壶内剩余的酒精倒出。

若酒精喷灯的酒精壶底部凸起时，不能再使用，以免发生事故；喷灯工作时周围不能有易燃物品；若发现灯壶内酒精沸腾，发出气泡爆裂声响时要立即熄灭，停止加热，以免由于灯壶内压强过大导致壶身崩裂；不能在喷灯燃着时向灯壶内添加酒精，以免引燃壶内的酒精蒸气。

挂式酒精喷灯由酒精储罐和喷灯两部分组成，其构造如图 2-11 所示。其使用方法与座式相似。使用时，酒精储罐需要挂在距离喷灯灯管约 1.5m 的地方。使用完毕，先将酒精储罐的下方旋塞关闭，再关闭喷灯。

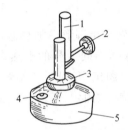

图 2-10　座式酒精喷灯

1—灯管；2—空气调节器；3—预热盘；
4—铜帽；5—酒精壶

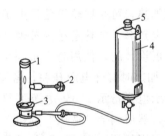

图 2-11　挂式酒精喷灯

1—灯管；2—空气调节器；3—预热盘；
4—酒精储罐；5—盖子

2.2.1.2　烘箱和马弗炉

（1）烘箱　烘箱是利用电热丝隔层加热使物体干燥的设备，如图 2-8 所示。一般由箱体、电热系统和自动控温系统三部分组成。它适用于比室温高 5～300℃ 范围的烘焙、干燥、热处理等。烘箱使用时应放在坚固的水泥平台上。接通电源，打开开关及鼓风机开关。打开箱门，将干燥物放入架子上，关上箱门。注意：物品摆放不能过密，底部的散热板上不应放物品，以免影响热气流向上流动。开启加热开关，将温度调至所需温度，指示灯绿灯亮，开始升温。当温度升至所需温度，指示灯红灯亮，控温器自动控温。当需要观察工作室内样品的情况时，应打开箱门，从玻璃门中观察，以免影响恒温。使用完毕，关闭开关，切断电源，将箱内外清理干净。

注意：易燃、易爆、有腐蚀性、易挥发的物品不能放入烘箱加热。

（2）马弗炉　又称高温炉，是一种利用电热丝或硅碳棒来加热的炉子，炉膛呈长方体，是利用耐高温材料制成，如图 2-12 所示。一般电热丝炉最高温度为 950℃，硅碳棒炉为 1300℃，可通过温度控制器控制加热速度。使用时为确保使用安全，必须加装地线，并良好接地。炉膛内要保持清洁，炉子周围不要堆放易燃易爆物品。第一次使用或长期停用后再次使用时应先进行烘炉，温度 200～600℃，时间约 4h。加热时，将被加热物体放置在能够耐高温的容器（如坩埚）中，再通过炉门放入炉内，不要直接放在炉膛上，炉膛温度不得超过最高炉温，也不要长时间工作在额定温度以上。在炉膛内取放样品时，应先切断电源，炉门要轻关轻开，以保证安全和避免损坏炉膛。使用完毕后要及时将样品从炉膛内取出，退出加热，并关掉电源。

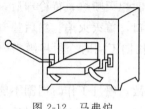
图 2-12　马弗炉

图 2-13　电炉

图 2-14　电热套

2.2.1.3　电炉、电热套和坩埚加热

（1）电炉　电炉是一种利用电阻丝将电能转化为热能的装置，如图 2-13 所示。电炉丝是由镍铬合金制成的，根据用电量大小，有 500W、800W、1000W、2000W 等数种。加热时先将炉盘上的杂物清理干净，检查电源线是否有断路情况。再将容器外壁擦拭干净，放在电炉上，为保证容器受热均匀，也可在容器与电炉间垫一块石棉网，然后接通电源。如需要较长时间加热，可采取轮换使用电炉的方法。

（2）电热套　电热套是由玻璃纤维包裹着电热丝织成的碗状半圆形的加热器，是专为加热圆底容器设计的，使用时应根据要加热圆底容器的大小选择不同型号的电热套，如图 2-14 所示。加热时打开电源开关，若不需要控制温度，则将"固定-可调"开关置于"固定"位置，指示电表指示 220V 电源加热；若需要控制温度，则将"固定-可调"开关置于"可调"位置，然后调节"调压"旋钮至指示电表指示合适电压。

（3）坩埚加热　在高温下加热固体样品时，可将固体样品放置于坩埚中灼烧，如图 2-15 所示。根据物质的不同性质可选用瓷坩埚、铁坩埚、镍坩埚、石墨坩埚或铂坩埚。加热时应用氧化焰加热，开始用小火烘烧坩埚，使其受热均匀，然后加大火焰，灼烧完毕后移去热源，用干净的坩埚钳夹着坩埚，放置于石棉网上冷却备用。

图 2-15　坩埚加热

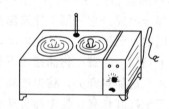
图 2-16　恒温水浴锅

图 2-17　铜（铝）水浴锅

2.2.1.4　浴热和恒温槽加热

被加热的物质要求受热均匀，而又不超过一定温度，可使用特定浴热方式和恒温槽间接加热。

（1）水浴和蒸汽浴　当被加热物质要求受热均匀，而温度不超过 100℃ 时，可采用水浴加热。若将水浴锅中的水煮沸，用蒸汽来加热，则为蒸汽浴。有特制的恒温水浴锅（图 2-16）和铜（铝）水浴锅（图 2-17）。水浴锅的盖子是一套由不同口径的套圈组成，使用时可按被加热容器的外径选择合适的套圈。水浴锅盛水应不超过容积的 2/3，将盛有被加热溶液的容器置于水浴中直接加热，如图 2-18 所示，但不能触及水浴的底部，注意不要将水烧干。用完后擦干保存。在一般实验中，常使用大烧杯来代替水浴锅，如图 2-19 所示。

图 2-18　用水浴锅加热

图 2-19　用烧杯代替水浴锅加热

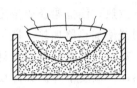
图 2-20　砂浴加热

(2) 油浴　如果被加热的物质要求均匀受热超过 100℃时可采用油浴加热。油浴锅一般由生铁铸成,也可用大烧杯代替。甘油浴可加热到 140~150℃,但温度过高会分解;硅油浴可在近于 300℃温度下加热,透明度好,但价格较昂贵;石蜡浴可加热到 200℃左右,冷却后成为固体,保存方便;蓖麻油、花生油进行浴热,可加热到 220℃。使用时常加入 1%对苯二酚等抗氧化剂。

(3) 砂浴　砂浴是一个铺有一层均匀细砂的铁盘,将被加热容器的下部埋置于装于盘中的细砂中,如图 2-20 所示,其特点是升温较缓慢,停止加热后散热也较慢,加热温度在 80℃以上可以使用,特别适用于 220℃以上加热。加热前应先将砂子加热灼烧,去掉有机物。

(4) 恒温槽加热　恒温槽是实验室中常用的一种以液体为介质的恒温装置,用液体作介质的优点是热容量大、导热性好,从而使温度控制的稳定性和灵敏度大为提高。根据温度控制的范围,采用不同的液体介质: -60~30℃用乙醇或乙醇水溶液;0~90℃用水;80~160℃用甘油或甘油水溶液;70~300℃用液体石蜡、汽缸润滑油或硅油。

恒温槽是由浴槽、电接点温度计(贝克曼温度计)、继电器、加热器、搅拌器和温度计组成,具体装置示意如图 2-21 所示,继电器必须和电接点温度计、加热器配套使用。

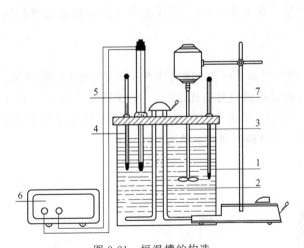

图 2-21　恒温槽的构造
1—浴槽;2—电热管;3—搅拌器;4—1/10 刻度温度计;
5—电接点温度计;6—电子继电器;7—贝克曼温度计

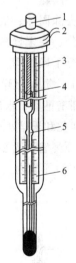

图 2-22　电接点温度计
1—磁性螺旋调节器;2—电极引出线;3—标尺;
4—指示螺母;5—可调电极;6—下标尺

电接点温度计,构造如图 2-22 所示,是恒温槽的控制中枢,对控制恒温起着关键作用。

它是一支可以导电的特殊温度计,有两个电极,顶端有一磁铁,可以旋转螺旋丝杆,用以调节金属丝的高低位置,从而调节设定温度。如果恒温的温度比室温高,则恒温槽工作过程中自然散热,使恒温介质温度逐渐下降。当温度降到某一数值时,电接点温度计与触针断开,控制器使加热器加热。搅拌器使介质各部分温度均匀,此时温度计数值上升。当温度升高到某一数值时,电接点温度计与触针接通,控制器又使加热器停止加热。随后,恒温介质自然散热而使温度下降。如此反复,就使恒温槽温度保持恒定。

2.2.2 加热方法

2.2.2.1 直接加热

(1) 直接加热液体　少量液体可装在试管中,直接在火焰上加热。加热较多液体时可使用烧杯、烧瓶、锥形瓶等,加热时应擦干容器外壁的水,放置在石棉网上使其均匀受热,烧瓶需用铁夹固定在铁架台上。如需浓缩溶液,可将液体置于蒸发皿中,液体量不能超过蒸发皿容积的 2/3,加热时蒸发皿外壁不能有水,放在铁架台的铁圈上或三脚架上,要用坩埚钳放上取下;加热后如需立即放在实验台上,要垫上石棉网,以免烫坏实验台。加热后不能立即与潮湿的物体接触,以免由于骤冷而破裂。

(2) 直接加热固体　少量固体可放在试管中,将固体平铺在试管底部,试管口略向下倾斜,加热时使各部分受热均匀。加热较多固体时可用蒸发皿,先用小火加热,再慢慢加大火焰,加热过程中要不断搅拌使固体均匀受热。

2.2.2.2 间接加热

当被加热的样品易分解,温度变化易引起不必要的副反应时,就要求加热过程中受热均匀,而又不超过一定温度,使用特定热浴间接加热可满足此要求。如果要求反应温度不超过100℃时,可用水浴加热;加热温度高于100℃则可采用油浴、砂浴加热。

2.2.3 干燥

干燥是去除固体、液体或气体中含有少量水分或少量有机溶剂的物理化学过程。除去化学品中的水分、在干燥条件下贮存化学品、在无水条件下进行化学反应及精密仪器的防潮等,都要进行干燥处理。

2.2.3.1 气体干燥

气体常带有酸雾、水汽和其他杂质,根据气体及所含杂质的种类、性质合理选择吸收剂、干燥剂,进行净化和干燥处理。气体干燥一般使用洗气瓶(图 2-23)、干燥塔(图 2-24)、U形管(图 2-25)或干燥管(图 2-26)等仪器进行干燥。液体干燥剂装在洗气瓶内,无水氯化钙和硅胶装在干燥塔或U形管内。不同性质的气体,可选择不同的干燥剂进行干燥。

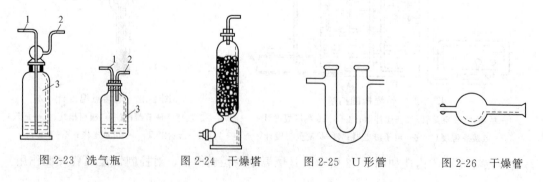

图 2-23　洗气瓶　　图 2-24　干燥塔　　图 2-25　U形管　　图 2-26　干燥管

2.2.3.2 液体干燥

沸点高、难挥发的液体，可用蒸发或蒸馏的方法将水分蒸发出来。另一方法是在被干燥的液体中放入适当的干燥剂，振荡或放置一段时间，然后过滤，再蒸馏。常用的无水盐类干燥剂有无水硫酸钠、无水硫酸镁等。

2.2.3.3 固体干燥

(1) 自然干燥　在空气中稳定不吸潮或含有易燃、易挥发溶剂的固体，在干燥时，可把固体放在干燥洁净的表面皿或其他器皿上，薄薄摊开，让其在空气中慢慢晾干。

(2) 挤压法　在抽滤后，将产品夹在数张滤纸间用手按压使其干燥，若为大颗粒固体，可采用抽干的方法。

(3) 加热干燥　对于熔点高、遇热不易分解的固体物质在干燥时，可把固体放在洁净的表面皿上，用恒温烘箱或红外灯烘干。有时把含水固体放在蒸发皿中，先在水浴或石棉网上直接加热，再用烘箱烘干。

(4) 干燥器干燥　对于易吸潮、分解或升华的固体，可置于有适当干燥剂的干燥器中进行干燥。干燥器内常用的干燥剂见表 2-1。

表 2-1　干燥器内常用的干燥剂

干燥剂	除去物质	干燥剂	除去物质
硅胶	水	生石灰	水、酸
氢氧化钠	水、酸等	五氧化二磷	水、醇
无水氯化钙	水、醇	浓硫酸	水、醇

普通干燥器是磨口的厚玻璃器具，磨口上涂有凡士林，使之密闭，里面有一多孔瓷板，下面放置干燥剂，上面放置盛有待干燥样品的表面皿等。开启干燥器时，左手按住干燥器的下部，右手按住盖子上的圆顶，向左前方推开干燥器盖，取下后磨口向上，放在实验台上安全的地方，左手放入或取出器皿。加盖时，也应拿住盖上圆顶，推着盖好。移动干燥器时，应该用两手的拇指同时按住盖，防止滑落打碎。

真空干燥器的干燥效果比普通干燥器的好，如图 2-27 所示。真空干燥器上有玻璃活塞，用于抽真空。使用时，真空度不宜过高，一般用水泵抽气。启盖前，必须先慢慢放入空气，然后再启盖。将待干燥的固体置于夹层干燥筒内，吸湿瓶内装有干燥剂 P_2O_5，烧瓶中放有有机溶剂，它的沸点要低于要干燥固体的熔点。使用时，通过活塞抽真空，加热回流烧瓶中的有机溶剂，利用蒸汽加热夹层，从而使药品在恒定温度下得到干燥。适用于少量物质的干燥。

2.2.4 冷却

2.2.4.1 自然冷却
将热的物质在空气中放置一段时间会自然冷却至室温。

2.2.4.2 流水冷却
当进行快速冷却时，将盛有被冷却物质的容器倾斜，放在冷水流中冲淋或用鼓风机吹风冷却。

2.2.4.3 冰水冷却
若需将物质冷却至冰点，可将盛有物质的容器直接放置在冰水浴中，若水的存在对反应无影响时，也可将碎冰直接放入反应物中。

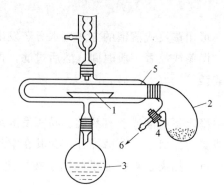

图 2-27 真空恒温干燥器
1—放样小船；2—曲颈瓶；3—烧瓶；4—活塞；5—夹层；6—接水泵

2.2.4.4 冰盐混合物冷却

如需冷却至冰点以下的温度，可采用冰盐浴。常用的有食盐与碎冰的混合物、六水合氯化钙与碎冰的混合物，所能达到的温度由冰盐的比例和盐的种类决定。常用制冷剂及所达到的温度见表 2-2。

表 2-2 常用制冷剂及所达到的温度

制 冷 剂	制冷温度/K	制 冷 剂	制冷温度/K
30 份 NH_4Cl + 100 份水	270	125 份 $CaCl_2 \cdot 6H_2O$ + 100 份碎冰	233
29 份 NH_4Cl + 18g KNO_3 + 冰水	263	150 份 $CaCl_2 \cdot 6H_2O$ + 100 份碎冰	224
1 份 NaCl + 3 份冰水	252	5 份 $CaCl_2 \cdot 6H_2O$ + 4 份碎冰	218
100 份 NH_4NO_3 + 100 份水	261	干冰 + 乙醇	201

2.2.4.5 干冰冷却

干冰与乙醚或丙酮等易挥发液体混合，可以提供 -77℃ 左右的低温浴。注意干冰不能储存于密封容器中，以防因干冰升华产生压力而引起爆炸；接触干冰时一定要使用手套或其他遮蔽物，以防冻伤。

2.2.5 蒸发和结晶

2.2.5.1 蒸发

溶液的蒸发是在含有不挥发溶质的溶液中，其溶剂在液体表面发生汽化的现象。通过加热使溶液中一部分溶剂汽化，以提高溶液中非挥发性组分的浓度或使其从溶液中析出，故蒸发又叫浓缩。溶液的表面积大，温度高，溶剂的蒸气压大，则蒸发快。导入空气流或减压，也可加速蒸发。

（1）常压蒸发 一般实验蒸发是在蒸发皿中进行，蒸发皿可以放置在三脚架上或铁架台的铁圈上用酒精灯直接加热。浓缩溶液时，蒸发皿中溶液的量最多不得超过容积的 2/3，蒸发过程中可用玻璃棒轻轻进行搅拌。若无机物对热不稳定，则用水浴间接加热，为了便于析出晶体，不可搅拌或稍为搅拌。

（2）减压蒸发 减压蒸发又称真空蒸发，若被浓缩的物质在 100℃ 左右不稳定或被蒸发的溶剂为有机试剂，量大且有毒时，可采用减压蒸发方式进行浓缩。用水泵或油泵抽出液体表面的蒸气,如图 2-28 所示。

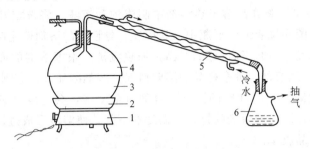

图 2-28 减压蒸发装置
1—电炉;2—水浴锅;3—蒸发皿;4—玻璃罩;5—冷凝管;6—抽滤瓶

还有一种旋转蒸发器(薄膜蒸发器),烧瓶在减压下一边旋转,一边受热。溶液在烧瓶内壁呈液膜状态,因而具有蒸发面积大,蒸发效率高及不会产生暴沸的特点。快速而方便,液体受热均匀,常用于浓缩、干燥和回收溶剂。

2.2.5.2 结晶

当溶液蒸发到一定程度冷却后有晶体析出,物质从溶液中形成晶体的过程叫结晶。结晶是提纯固态物质的一种重要方法。

结晶方法有蒸发溶剂法,通过蒸发,减少溶剂,使溶液达到过饱和而析出结晶,适用于溶解度随温度变化不大的物质,即溶解度曲线比较平坦的物质,如沿海地区"晒盐"。另一种是冷却热饱和溶液法,通过冷却降温,使溶液达到过饱和而析出结晶,适用于温度升高,溶解度也增加的物质,即溶解度曲线很陡的物质,如 KNO_3、$NaNO_3$、NH_4NO_3 等。如果溶液中同时含有几种物质,则可以利用同一温度下、不同物质溶解度的明显差异,通过分步结晶将其分离,NaCl 和 KNO_3 的分离就是一例。

析出晶体颗粒的大小与结晶的速度等外界条件有关。若让热溶液缓慢自然降温、静置得到大的晶体;若溶液浓度较高,溶质的溶解度较小,用快速降温冷却、剧烈搅拌溶液、摩擦容器壁来得到细小晶体;若在静置溶液时投入小粒晶种,利于大的晶体生成。

从纯度来看,快速生成小晶体时由于不易裹入母液及别的杂质而纯度较高,缓慢生长的大晶体纯度较低,但是晶体太小且大小不均匀时,会形成稠厚的糊状物,携带母液过多导致难以洗涤而影响纯度。因此在晶体制备中,晶体颗粒的大小要适中、均匀才有利于得到高纯度的晶体。

若不析出晶体而得到油状物时,可加热至澄清液后,使其自然冷却至开始有油状物析出时,立即剧烈搅拌,使油状物分散,也可搅拌至油状物消失。

2.2.5.3 重结晶

结晶后得到的晶体纯度达不到要求时,把晶体重新溶解在热的溶剂里,制成饱和溶液,冷却,使它再一次结晶然后过滤。这种分离方法叫重结晶或再结晶。根据需要有时需要多次结晶。

重结晶法原理是利用固体混合物中各组分在某种溶剂中的溶解度不同而使其相互分离将被提纯物质溶解在热的溶剂中达到饱和,趁热过滤除去不溶性杂质,然后冷却时由于溶解度降低,溶液变成过饱和而使被提纯物质从溶液中析出结晶,让杂质全部或大部分仍留在溶液中,从而达到提纯目的。

(1) 重结晶操作

① 选择适宜的溶剂，将样品溶于热溶剂中制成饱和溶液　将选定好的稍少于理论计算量的溶剂放入烧杯、圆底烧瓶或锥形瓶中（易挥发、毒性大的溶剂使用圆底烧瓶，采用回流方式，避免溶剂的挥发），加入称量好的样品，加热煮沸（根据溶剂的沸点和易燃性，选择合适的热浴），继续滴加溶剂，观察样品的溶解情况，溶剂的加入量应刚好使样品全部溶解，记录溶剂用量，再过量15%～20%的溶剂。溶剂过量太多，会造成溶液中溶质的损失；溶剂过量太少，由于热过滤时因溶剂的挥发、温度的下降，使溶液形成过饱和溶液，使晶体在滤纸上析出而影响产品收率。

② 脱色　如溶液的颜色深，应先脱色，再进行热过滤。加入约为粗产品量1%～5%的活性炭（不可在沸腾时加入，以免暴沸）。搅拌，使活性炭均匀地分布在溶液中。加热至微沸，并保持5～10min即可。趁热过滤除去活性炭。

③ 趁热过滤除去不溶性杂质　若有少量的固体杂质，需用热过滤除去。热过滤的操作要快，以免液体或过滤仪器冷却，晶体过早地析出。若在滤器上出现晶体，可用少量热溶液洗涤或重新加热溶解后，再进行热过滤。常压热过滤简便，靠重力过滤，因而速度较慢，最好使用保温漏斗，并采用折叠滤纸。减压过滤速度快，缺点是会使低沸点溶剂蒸发，导致溶液浓度变大，晶体析出早。

④ 冷却溶液或蒸发溶剂　为得到较好的结晶，过滤后的溶液应静置，自然冷却，使晶体析出。冷却过程中注意不要振摇滤液，不能快速冷却，否则得到的结晶颗很细，晶体表面容易吸附更多的杂质，难以洗涤。滤液冷却后，晶体仍未析出时，用玻璃棒摩擦器壁，诱发结晶。也可加入该化合物的结晶作为晶种来促使晶体的析出。结晶过程中有油状物析出的结晶含杂质较多，将析出的油状物溶液加热，补加少量溶剂，使其全部溶解后再缓慢冷却。或在发现油状物出现的迹象时，剧烈搅拌，使油状物在均匀分散的条件下固化。最好的办法是另选合适的溶剂或改变溶剂用量，避免出现油状物，以便得到纯净的结晶。

减压过滤分离母液，分出结晶；洗涤结晶，除去附着的母液，干燥晶体（空气晾干、烘干、滤纸吸干、干燥器中干燥）并测定熔点，即得重结晶晶体。

一般重结晶法只适用于提纯杂质含量在5%以下的晶体化合物，如果杂质含量大于5%时，必须先采用其他方法进行初步提纯，如萃取、水蒸气蒸馏等，然后再用重结晶法提纯。

(2) 溶剂的选择　重结晶法所用溶剂应不与要纯化的物质发生化学反应；对要纯化的物质在高温时应具有较大的溶解度，而在较低温度时对要纯化的化学物质的溶解能力大大降低；对要纯化的物质中可能存在的杂质要么溶解度非常大要么非常小（前者使杂质留在母液中不随提纯物晶体一同析出，后者使杂质很少溶解在热溶剂中热过滤时被滤掉）；对要提纯的物质能生成较规则的晶体；溶剂的沸点，不宜太低也不宜太高。若太低，溶解度改变不大，难分离，且操作困难；太高，该溶剂在结晶和重结晶时附着在晶体表面不易除尽。溶剂应价廉易得。

① 单一溶剂的选择　选择方法是取约0.1g待重结晶的样品于试管中，逐滴加入约1mL的待定溶剂，边滴加边振荡，注意观察是否溶解，若完全溶解或加热至沸完全溶解，冷却后析出大量结晶，这种溶剂一般是可选用的。若冷却后无结晶析出，说明该溶剂不能作重结晶的溶剂。若加热至沸，样品不能完全溶解于1mL溶剂中，可逐滴补加一些溶剂，每次约加0.5mL，添加总量不得超过4mL，并加热至沸，如样品能够在1～4mL溶剂中溶解，冷至室

温后能析出大量结晶,说明此溶剂可作为该重结晶的溶剂。若该物质能溶于 4mL 以内热溶液中,但冷却后仍无结晶析出,可用玻璃棒摩擦试管内壁或用冷水冷却,以促使结晶析出,若结晶仍不能析出,则说明此溶剂不能用于该重结晶中。

在实际操作中,需要对数种溶剂进行逐一实验,选出较为理想的重结晶溶剂,也可用回收率的高低来确定最好的溶剂。

② 混合溶剂的选择　混合溶剂是由两种能互溶的溶剂按一定比例配制而成的。重结晶组分易溶于其中一种溶剂(良溶剂)而难溶于另一种溶剂(不良溶剂)。

选择方法是将待纯化的产物溶于接近沸点的良溶剂中,滤去不溶物并用活性炭对有色溶液进行脱色,然后趁热滴加不良溶剂,直至溶液出现浑浊时,再滴加良溶剂或稍加热,使沉淀恰好溶解,放置冷却,使结晶从溶液中全部析出。若析出油状物,往往是由于溶剂选择不当或溶剂的配比不合适而引起的。应通过实验,找出最佳的溶剂配比。有时也可以预先按一定配比,将两种溶剂混合后进行重结晶。

③ 常用溶剂　水、甲醇、乙醇、异丙醇、丙酮、乙酸乙酯、氯仿、冰醋酸、二氧六环、四氯化碳、苯、石油醚等。此外,甲苯、硝基甲烷、乙醚、二甲基甲酰胺、二甲亚砜等也常使用。一般常用的混合溶剂有乙醇与水,乙醇与乙醚,乙醇与丙酮,乙醚与石油醚,苯与石油醚等。在选溶剂时遵循"相似相溶"原理。极性物质易溶于极性溶剂,而难溶于非极性溶剂中;相反,非极性物质易溶于非极性溶剂,而难溶于极性溶剂中。

2.2.6　升华

升华是提纯固体有机化合物的方法。某些物质在固态时具有相当高的蒸气压,当加热时,不经过液态而直接气化,蒸气受到冷却又直接冷凝成固体,这个过程叫升华。升华法只能用于在不太高的温度下有足够大的蒸气压力(熔点以下,高于 2.67kPa)的固态物质,因此有一定的局限性。将不纯、易升华的固体混合物,在熔点以下加热,可以利用产物蒸气压高、杂质蒸气压低的特点,使产物遇热升华,而杂质不发生升华来去除杂质,而达到分离固体混合物的目的。此法特别适用于提纯易潮解及与溶剂起离解作用的物质。

升华后得到的产物具有较高的纯度,升华操作时间较长,产品损失也较大,一般只适用于少量物质($1\sim2g$)的提纯。

2.2.6.1　常压升华

常压升华如图 2-29 所示,在空气或惰性气流中的升华如图 2-30 所示。将研细的待升华干燥物质均匀地铺放于瓷蒸发皿中,上面用一个直径小于蒸发皿的漏斗覆盖,漏斗颈用棉花塞住,防止蒸气逸出,两者用一张穿有许多小孔(孔刺向上)的滤纸隔开,以避免升华上来的物质再落到蒸发皿内。

用电炉控温加热蒸发皿,温度控制在升华物质的熔点以下,慢慢升华。蒸气通过滤纸上升,冷却后凝结在滤纸上或漏斗壁上。

2.2.6.2　减压升华

为加快升华速度,可在减压下进行升华,减压升华法尤其适用于常压下其蒸气压不大或受热易分解的物质。减压升华如图 2-31 所示。将样品放入吸滤管(或吸滤瓶)中,装上指形冷凝器,通入冷凝水,用水泵或油泵进行减压。将待升华物质放入加热装置中进行加热,使管内物质升华,其蒸气升到指形冷凝管底部时遇冷而凝固,黏附在管壁上。升华结束后,

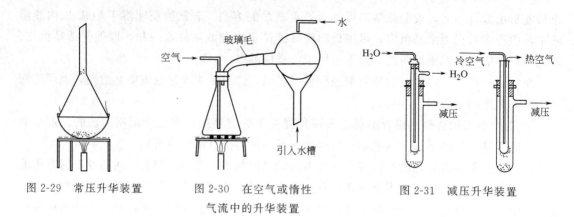

图 2-29 常压升华装置　　图 2-30 在空气或惰性气流中的升华装置　　图 2-31 减压升华装置

应缓慢开启安全瓶的放空阀，防止空气或水冲入，将指形冷凝管上的晶体冲落。小心将指形冷凝管取出，收集指形冷凝管吸附的产品。

练习思考题

1. 酒精喷灯的使用方法及注意事项有哪些？
2. 冷却的方法有哪些？
3. 试管内的液体或固体加热，应注意哪些问题？
4. 将玻璃仪器放入烘箱中干燥时，应怎样摆放？
5. 加热易燃的有机物应选择哪种加热方式？
6. 蒸发溶液时，为什么加热不能过猛？为什么不可将滤液蒸干？
7. 重结晶要经过哪些步骤？在重结晶时选择溶剂应注意什么？
8. 使用有毒或易燃的溶剂时，应注意什么？
9. 如何证实重结晶后的晶体是纯净的？
10. 活性炭加入量过大有什么影响？
11. 如何控制升华温度？

2.3　固液分离技术

2.3.1　固体物质的溶解技术

2.3.1.1　溶解的基本原理

根据溶质和溶剂的性质及溶解的目的，合理选择溶剂及溶解条件，对物质进行溶解。溶解是溶质在溶剂中分散形成溶液的过程，是一个复杂的物理化学过程，同时伴随着热效应。物质在溶解时若吸热，其溶解度随温度的升高而增大；物质在溶解时若放热，则其溶解度随温度的升高而减小。一般固体溶于水多为吸热过程，因此，实验中常用加热的方法加快溶解速度。物质溶解度的大小也与溶质和溶剂的性质有关，按"相似相溶"的经验规律选择溶剂。

水通常是溶解固体的首选溶剂。因此凡是可溶于水的物质应尽量选择水作溶剂。某些金属的氧化物、硫化物、碳酸盐以及钢铁、合金等难溶于水的物质，可选用盐酸、硝酸、硫酸或混合酸等无机酸加以溶解。大多数有机化合物需要选择极性相近的有机溶剂进行溶解。溶解时，将待溶解的物质放入烧杯中，根据需要，加入适量溶剂，用玻璃棒搅拌使之溶解。溶解时除考虑选用适当溶剂外，还需考虑温度对溶解度的影响。一些难溶于水的物质，常常先在高温下熔融，使其转化成可溶于水的物质，然后再溶解。如将 Na_2CO_3 与 SiO_2 共熔，使 SiO_2 转化成可溶于水的硅酸盐。

气体的溶解度还受到压力的影响，它随气体压力的增加而增大。而固体和液体的溶解度几乎不受压力的影响。

① 水用于溶解可溶性的硝酸盐、醋酸盐、铵盐、硫酸盐、氯化物和碱金属化合物等。

② 常用的酸性溶剂有硝酸、盐酸、硫酸、氢氟酸、磷酸、王水等。利用它们的酸性、氧化还原性等性质，可溶解一些氧化物、硫化物、碳酸盐、磷酸盐等。

③ 常用的碱性溶剂有氢氧化钠、氢氧化钾。可用于溶解金属铝、锌及其合金、氧化物、氢氧化物等。

2.3.1.2 搅拌溶解

搅拌可使反应混合物混合得更均匀、反应体系的温度更均匀，从而有利于化学反应特别是非均相反应的进行。

(1) 人工搅拌 用玻璃棒进行人工搅拌，手持玻璃棒转动手腕，使玻璃棒在溶液中均匀转圈，用力要均匀，不要使玻璃棒碰到容器壁或容器底部发出响声。

(2) 机械搅拌 利用机械搅拌器进行搅拌，机械搅拌器由电动机、搅拌棒和密封器组成，如图 2-32 所示。电动机固定在支架上，由调速器调节其转动快慢。搅拌棒与电动机相连，搅拌效率在很大程度上取决于搅拌棒的结构，搅拌棒通常用玻璃棒制成，根据反应器的大小、形状、瓶口的大小及反应条件的要求进行样式选择，如图 2-33 所示。

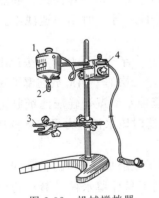

图 2-32 机械搅拌器

1—电动机；2—搅拌器扎头；3—大烧杯夹；4—转速调节器

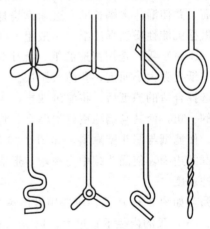

图 2-33 常用搅拌棒

(3) 磁力搅拌 用磁力搅拌器进行搅拌。磁力搅拌器构造如图 2-34 所示，是用磁场的转动来带动磁子的转动。磁子是一小块金属用一层惰性材料（如聚四氟乙烯等）包裹的。也可用一截铁、铅丝放入细玻璃管或塑料管中，两端封口制成。磁力搅拌适用于体积小、黏度低的液体，在滴定分析中经常用此方法搅拌溶液。磁力搅拌器噪声小，搅拌力强，转速平稳，使用方便。

磁力加热搅拌器如图 2-35 所示。既可加热，又能搅拌，加热温度可达 80℃，使用非常

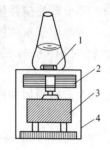

图 2-34　磁力搅拌器
1—磁子；2—磁铁；3—电动机；4—外壳

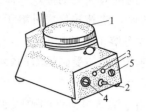

图 2-35　磁力加热搅拌器
1—磁场盘；2—电源开关；3—指示灯；
4—调速旋钮；5—加热旋钮

方便。需恒温加热时，调节温度旋钮达到要求温度。若不需加热，把温度调节至室温以下即可。需控制定时操作时，将定时开关顺时针旋至所需时间位置上，此时电源灯亮，仪器处于工作状态，当定时开关自动转到起始位置时，搅拌自动停止。

2.3.2　过滤

过滤是将溶液中的不溶性杂物分离或去除溶剂得到结晶的过程，是分析中常见的操作。常用过滤的方法有常压过滤、减压过滤、热过滤三种形式。

2.3.2.1　常压过滤

常压过滤是用内衬滤纸的锥形玻璃漏斗过滤，滤液靠自身的重力透过滤纸流下，实现分离。

（1）过滤装置　将准备好的漏斗放在漏斗架或铁架台上，把接受滤液的干净烧杯放在漏斗下面，并使漏斗末端长的一边紧靠烧杯内壁。

根据沉淀性质选择滤纸，一般粗大晶形沉淀（CaC_2O_4 等）用中速滤纸，细晶或无定形沉淀（$BaSO_4$ 等）选用慢速滤纸，沉淀为胶体状 [$Fe(OH)_3$ 等] 时用快速滤纸。所谓快慢是按滤纸孔隙大小而定，孔隙大则快。

选择合适的滤纸后，将滤纸四折，一个半边是三层一个半边是一层，撕去滤纸三层外面两层的一角，使其与漏斗更好地贴合，将滤纸放入漏斗，三层的一面应放在漏斗颈末端短的一边，使滤纸与漏斗壁靠紧，如图 2-36 所示。加少量蒸馏水润湿，轻压滤纸赶走气泡。加水至滤纸边缘，使漏斗颈中充满水，形成水柱，以便过滤时该水柱重力可起到抽滤作用，加快过滤速度。

漏斗如图 2-37 所示，应选用锥体角为 60°、颈口倾斜处磨成 45°角的长颈漏斗，颈长为 15～20cm，颈的内径不宜过大，以 3～5mm 为宜，否则不易保留水柱。漏斗的大小应与滤纸的大小相适应。

（2）玻璃棒引流　采用倾泻法过滤，如图 2-38 所示。过滤液稍放置待沉淀物下沉后，先将沉淀上层清液沿玻璃棒倾入漏斗中，玻璃棒下端应对着三层滤纸的一边，倾入漏斗中的溶液应低于滤纸边缘约 5mm，切勿超过滤纸边缘。

（3）转移　倾泻后烧杯中用洗瓶沿内壁加入少量的蒸馏水，用玻璃棒充分搅拌，待沉淀沉降后，用倾泻法过滤，洗涤 4～5 次，最后一次洗涤时用洗涤剂将沉淀搅混，把沉淀连同溶液一起倾入漏斗中。在玻璃棒一端套上一个扁平橡皮头或用树脂胶黏附的猪鬃或羽毛小刷做成淀帚清扫烧杯中的沉淀，用洗涤剂洗涤烧杯及玻璃棒 2～3 次，将洗涤液也倾入漏斗中。

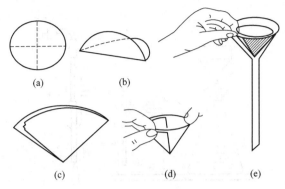

图 2-36 滤纸的折叠与装入漏斗

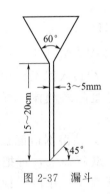

图 2-37 漏斗

图 2-38 倾泻法过滤

再最后用洗涤剂由滤纸边缘稍下方呈螺旋形向下移动冲洗滤纸和沉淀 1~2 次。如图 2-39 所示。

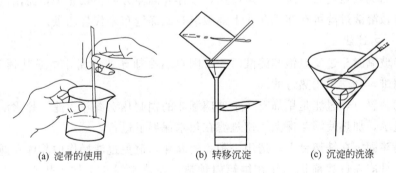

(a) 淀带的使用　　(b) 转移沉淀　　(c) 沉淀的洗涤

图 2-39 沉淀的转移和洗涤

2.3.2.2　减压过滤

（1）过滤装置　过滤装置如图 2-40 所示，通常包括瓷质布氏漏斗、抽滤瓶、安全瓶和抽气泵。

检查安全瓶的长管是否与水泵相接，短管是否与抽滤瓶相接，布氏漏斗的颈口是否与抽滤瓶的支管相对，全部装置是否严密、不漏气。

过滤前，先把选好的比布氏漏斗内径略小的圆形滤纸平铺在漏斗底部，用溶剂润湿，开启水泵或油泵抽气装置，使滤纸紧贴在漏斗底上。

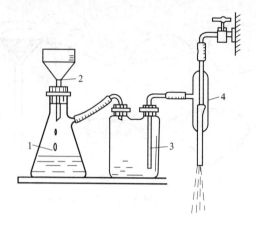

图 2-40 减压过滤装置
1—抽滤瓶；2—过滤器；3—安全瓶；4—减压系统

（2）沉淀的过滤 采用倾泻法，先将上层清液沿玻璃棒倒入漏斗中，注意倾入漏斗中的溶液不应超过漏斗容量的 2/3，待溶液漏完后，再将沉淀移入滤纸的中间部分，并在漏斗中铺平。一直抽气到几乎没有液体滤出为止。为尽量除净液体，可用玻璃瓶塞压挤滤饼。

（3）沉淀的洗涤、干燥 把少量溶剂均匀地洒在滤饼上，使溶剂恰能盖住滤饼。静置片刻，使溶剂渗透滤饼，待有滤液从漏斗下端滴下时，重新抽气，再把滤饼尽量抽干、压干。反复这样几次，就可把附着于滤饼表面的母液洗净。在停止抽滤时，先旋开安全瓶上的旋塞恢复常压，然后关闭抽气泵。最后再加入少量洗涤剂，使沉淀均匀浸透，抽滤至比较干燥。

减压过滤的优点是过滤和洗涤的速度快，液体和固体分离得较完全，滤出的固体容易干燥。强酸或强碱溶液过滤可在布氏漏斗上铺玻璃布或涤纶布来代替滤纸。

2.3.2.3 热过滤

用锥形的玻璃漏斗过滤热饱和溶液时，常因自然冷却导致在漏斗中或其颈部析出晶体，使过滤发生困难，必须采用热过滤。

（1）过滤装置 热过滤是用插有一个玻璃漏斗的铜制热水漏斗过滤。热水漏斗内外壁间的空腔可以盛水，加热使漏斗保温，使过滤在热水保温下进行。

把热水漏斗固定在铁架台上，选用一颈短的漏斗，避免过滤操作中晶体在漏斗颈部析出而造成阻塞，且应在过滤前把漏斗在烘箱内预热。在热水漏斗中加入热水，约盛放 2/3 的水，然后在侧管处加热至所需温度。放入预先叠好的滤纸，滤纸向外突出的棱边紧贴在漏斗的内壁上，用少量的热水润湿，以免干滤纸吸收溶液中的溶剂，使结晶析出，堵塞滤纸孔。

为尽量利用滤纸的有效面积以加快过滤速度，过滤热饱和溶液时常用菊花形折叠滤纸，其折叠方法如图 2-41 所示。

先将滤纸对折，再折成四分之一。再以 2 对 3 折出 4。以 1 对 3 折出 5，以 2 对 5 折出 6，以 1 对 4 折出 7；再以 1 对 5 折出 9，以 2 对 4 折出 8。然后同方向折叠，叠出同向卷曲的 8 等分。将此滤纸拿在左手上，以 2 对 8、8 对 4、4 对 6，以及 6 对 3…各处反向折叠，如同折扇一样。然后打开滤纸，将 1 及 2 处各向内折叠一个小折面，放在漏斗中使用。

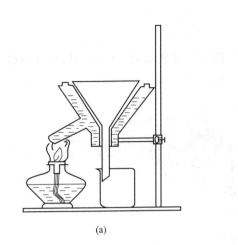 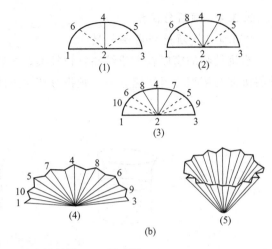

图 2-41 热水过滤漏斗（a）及滤纸折叠（b）示意图

（2）沉淀的过滤 把热溶液加入热水漏斗中进行过滤，过滤过程中，热水漏斗和尚未过滤的溶液应分别保持小火加热，以防冷却析出结晶妨碍过滤。滤毕，用少量（1~2mL）热蒸馏水洗涤滤渣一次。

2.3.3 离心分离

分离的溶液和沉淀量很少或沉淀物容易堵塞滤纸、漏斗孔时，可用离心分离法。

2.3.3.1 离心分离装置

离心机如图 2-42 所示，离心机按转速不同可分为低速离心机、高速离心机和超速离心机。代号分别为 D、G、C，低速离心机转速≤10000r/min，高速离心机转速为 10000~30000r/min，超高速离心机转速可达 80000r/min，化学实验室中的离心机多为低速离心机。从结构上看，又可分为台式（代号 T）和落地式两种，从调速方式来分又有逐挡调速和无级调速两种结构。根据旋转时离心管与轴所成的角度，分为水平式和斜角式两种，前者旋转时离心管与轴成直角，后者旋转时离心管与轴成 45°~50°的角度。

2.3.3.2 离心分离方法

将待分离的溶液放入离心管中，把离心管放入离心机中进行分离。离心机利用离心力对溶液中的悬浮微粒进行快速沉淀和分离，离心管将生成的沉淀溶液放入离心管中进行分离。用吸管吸液如图 2-43 所示。为了保持旋转平衡，在对称位置的套管内放一盛有与其等体积水的离心管。启动离心机旋转一段时间，再待自然停止旋转。通过离心作用，沉淀就紧密地聚集在离心管底部而溶液在上层。用滴管将上层溶液吸出。如需洗涤，可往沉淀中加入少量洗涤剂，充分搅拌后再离心分离。重复操作 2~3 次即可。

图 2-42 离心机

图 2-43 吸液

2.3.4 倾析分离法

2.3.4.1 倾析分离法装置

当沉淀物的密度较大或结晶颗粒较大，静置后能沉降至容器底部时，可以利用倾析分离法将沉淀与溶液进行快速分离。倾析分离法过滤装置如图 2-44 所示。

图 2-44　倾析分离法过滤示意

先静置，不要搅动沉淀，使沉淀沉降。待沉淀完全沉降后，将沉淀上面的清液小心地沿玻璃棒倾出，而让沉淀留在烧杯内进行分离。

2.3.4.2 倾析分离法洗涤沉淀

为了充分洗涤沉淀，用倾析分离法来洗涤沉淀，沉淀与洗涤液能充分地混合，杂质容易洗涤。沉淀留在烧杯中，倾出上层清液，速率较快。

用洗瓶挤出少量蒸馏水注入盛有沉淀的烧杯内，用玻璃棒充分搅动，静置，待沉淀沉降后，将清液沿玻璃棒倾出，让沉淀留在烧杯内。再用蒸馏水进行洗涤。这样重复 3～4 次，即可将沉淀洗净。

练习思考题

1. 怎样能加快固体物质的溶解？
2. 使用磁力搅拌器时，若磁子不停跳动，应怎样处理？
3. 常用的过滤方法有哪些？它们主要的仪器有什么？
4. 减压过滤操作应注意什么？
5. 将溶液进行热过滤时，为什么要尽可能减少溶剂的挥发？如何减少其挥发？
6. 使用布氏漏斗过滤后洗涤产品要注意哪些问题？如果滤纸大于布氏漏斗底面时会有什么问题？
7. 抽气过滤收集晶体时，为什么要先打开安全瓶放空旋塞再关闭水泵？

2.4　物质的称量技术

2.4.1 称量瓶和干燥器的使用

2.4.1.1 称量瓶的使用

（1）种类　称量瓶是一种用于准确称量一定质量的固体样品的小玻璃容器，一般呈圆柱形，有磨口及配套的瓶盖，分高形和扁形。常用的规格有 15mm×30mm、25mm×40mm、40mm×30mm、50mm×40mm 等，如图 2-45 所示。

（2）使用方法　洗净称量瓶，烘干后置于干燥器中备用。不用时应洗净，在磨口处垫一小纸条，以方便打开瓶盖。称量完毕后，将称量瓶放回原干燥器中。

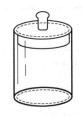
图 2-45 称量瓶

图 2-46 称量瓶的使用

如图 2-46 所示，打开瓶盖时应用小纸片夹住瓶盖柄。用洁净纸条叠成 1cm 宽纸带套住称量瓶中部，手拿住纸带尾部、取出称量瓶（或带上清洁的薄尼龙手套拿取称量瓶）放在干燥过的洁净表面皿上（或干净纸上）。

用小纸片夹住瓶盖柄，将稍多于需要量的试样用牛角匙加入称量瓶中，盖上瓶盖，于分析天平中称量。

用纸带将称量瓶从天平上取下，拿到接受器上方，用纸片夹住盖柄，打开瓶盖（盖不要离开接受器口上方），将瓶身慢慢向下倾斜，用瓶盖轻敲瓶口内边缘，使试样落入容器中。接近需要量时，一边继续用盖轻敲瓶口，一边逐渐将瓶身竖直，使粘在瓶口附近的试样落入瓶中。盖好瓶盖，放回天平盘，取出纸带，称其质量。

2.4.1.2 干燥器的使用

(1) 种类　干燥器如图 2-47 所示，是具有磨口盖子的密闭厚壁玻璃器皿，用来保存经烘干或灼烧过的物质和器皿（基准物、试样，干燥的坩埚、称量瓶等），也可用来干燥少量制备的产品。

图 2-47 干燥器及加入干燥剂

根据干燥器的用途，干燥器可分为普通干燥器和真空干燥器，颜色有无色与棕色。容器内均有多孔瓷板，真空干燥器盖子上有一玻璃活塞，用以抽真空，活塞下端呈弯钩状口向上，防止通向大气时，因空气流入太快将固体药品冲散。真空干燥器的干燥效率高于普通干燥器。

干燥器中必须放置干燥剂，常用的干燥剂见表 2-3。

(2) 使用方法　在干燥器底部盛放干燥剂（变色硅胶、高氯酸镁或无水氯化钙等），放置好洁净的多孔瓷板，多孔瓷板上垫一张同样直径的滤纸；在干燥器的磨口上涂一薄层凡士林，并用盖子将凡士林磨匀至透明，使之能与盖子密合。

表 2-3 常用的干燥剂

干燥剂名称	干燥效率 温度/℃	干燥效率 残留水分/(mg/L)	吸水量	干燥速度	备注
五氧化二磷	25	$<2.5\times10^{-5}$	大	快	酸性、不能再生
氧化钙	25	<0.36	大	快	含有碱性杂质、能再生(200℃)
硅胶	20	6×10^{-3}	大	快	酸性、能再生(120℃)
高氯酸镁	25	5×10^{-4}	大		中性、能再生、分解温度251℃
硫酸钙	25	4×10^{-3}	小	快	中性、能再生(163℃)
硫酸铜	25	1.44	大		微酸性、能再生(150℃)
浓硫酸	25	3×10^{-3}	大	快	酸性、能再生(蒸发浓缩)

打开干燥器时,应用一只手扶住干燥器,另一只手从相对的水平方向小心移动盖子即可打开,而不要把盖子往上提,如图2-48所示。打开后将其斜靠在干燥器旁或仰放在桌子上,不能正放,以免盖上磨口处的凡士林吸上灰尘而盖不严密。取出物品后,按同样方法盖严,使盖子磨口边与干燥器吻合。

搬动干燥器时,必须用两手的大拇指按住盖子的边缘,其他手指托住干燥器磨口下沿,两臂不应摆动。以防盖子滑落而打碎,如图2-49所示。

图 2-48 开启干燥器

图 2-49 搬动干燥器

长期存放物品或在冬天,磨口上的凡士林可能凝固而难以打开,可以用热湿的毛巾温热一下或用电吹风热风吹干燥器的边缘,使凡士林熔化再打开盖。打开干燥器时要小心,不能碰翻干燥器内的器皿及其中放置的物品。

不可将太热的物体放入干燥器中;灼烧或烘干后的坩埚和沉淀,在干燥器内不宜放置过久,否则会因吸收一些水分而使质量略有增加。

变色硅胶可以循环便用,无水时为蓝色,吸湿后变成浅红色,说明干燥剂失去干燥作用,应把干燥剂放到恒温干燥箱中,在105~120℃进行干燥,使它的颜色由浅红色变为蓝色即可。

2.4.2 物质的称量仪器

2.4.2.1 分析天平

(1) 分析天平的种类　常用分析天平种类见表2-4。

表 2-4 常用分析天平型号和规格

种 类	型 号	名 称	规 格	级 别
双盘天平	TG328A	全自动加码电光天平	200g/0.1mg	I_3
	TG328B	半自动加码电光天平	200g/0.1mg	I_3
	TG332A	半微量天平	20g/0.01mg	I_3
单盘天平	DT-100	单盘精密天平	100g/0.1mg	I_4
	DTG-160	单盘精密天平	160g/0.1mg	I_4
	BWT-1	单盘半微量天平	20g/0.1mg	I_3
电子天平	MD110-2	上皿式电子天平	110g/0.1mg	I_4
	MD200-3	上皿式电子天平	200g/0.1mg	I_6

（2）半自动电光分析天平的结构 以 TG328B 型半自动电光天平为例，如图 2-50 所示。

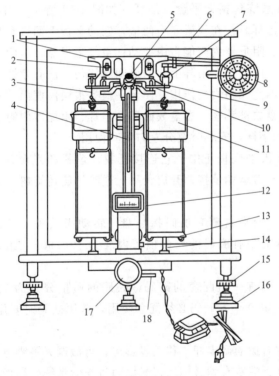

图 2-50 半自动电光天平

1—天平梁（横梁）；2—平衡螺丝；3—吊耳；4—指针；5—支点架；6—天平箱（框罩）；
7—环码；8—指数盘；9—承重刀；10—支架；11—阻尼内筒；12—投影屏；13—秤盘；
14—盘托；15—螺丝脚；16—垫脚；17—开关旋钮（升降枢）；18—微动调节杆

① 框罩 天平安装在框罩内，对天平起保护作用。框罩有前门和两个侧门。安装、拆卸及调整天平时可打开前门，取放称量物和砝码时打开左、右侧门。

② 横梁 天平通过横梁起杠杆作用，一般由铝合金制成，其构造如图 2-51 所示。横梁上装有起支撑作用的等距离玛瑙刀（一把中刀，两把边刀），横梁的两端装有两个平衡调节螺丝，用来调节横梁的平衡位置（即粗调零点），梁的中间装有垂直向下的指针，用以指示平衡位置。支点刀的后上方装有重心砣，用以调整天平的灵敏度和稳定性。

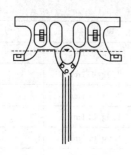

图 2-51　天平横梁

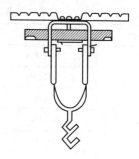

图 2-52　吊耳

③ 立柱　正中是立柱，固定在天平底座上，柱的上方嵌有一块玛瑙平板，与支点刀口相接触。柱上装有能升降的托架，关闭天平时能托起横梁，与刀口脱离接触，以减少磨损，保护玛瑙刀。柱的中部装有空气阻尼器的外筒。

④ 悬挂系统　悬挂系统包括天平盘、吊耳（如图 2-52 所示）、内阻尼筒等，是天平承重和传递载荷的部分。吊耳悬挂在横梁左右两端，它的平板下面嵌有光面玛瑙，与力点刀口相接触，使吊钩及秤盘、阻尼器内筒能自由摆动；空气阻尼器，由两个特制的铝合金圆筒构成，外筒固定在立柱上，内筒挂在吊耳上。两筒间隙均匀，没有摩擦，开启天平后，内筒能自由上下运动，由于筒内空气阻力的作用，使天平横梁很快停摆而达到平衡；秤盘，两个秤盘分别挂在吊耳上，左盘放被称物，右盘放砝码。吊耳、阻尼器内筒、秤盘等部件上应分别标上左"1"、右"2"的字样，安装时要分左右配套使用。

⑤ 升降旋钮　位于天平底板正中，它连接托翼、盘托和光源开关。顺时针旋转旋钮，电源接通，横梁上刀刃与刀承相承接，开启天平；逆时针旋转旋钮，刀刃与刀承分开，横梁被托起，天平关闭。

⑥ 机械加码装置　天平右侧有加码指数盘，转动指数盘，可在天平横梁上加 10～990mg 的圈码。指数盘上刻有圈码的质量值，内层为 10～90mg 组，外层为 100～900mg 组，如图 2-53 所示。

⑦ 砝码　每台天平都有一组配套的砝码，砝码的质量分别为 1g、2g、2g、5g、10g、20g、20g、50g、100g，共 9 个，砝码必须配套使用，取用砝码时要用镊子，用完及时放回盒内并盖严。

⑧ 微动调节杆　左右拨动调零杆，移动投影屏，可微调天平零点。

⑨ 读数系统　指针下端装有缩微标尺，光源通过光学系统将缩微标尺上的分度线放大，再反射到光屏上，从光屏上可看到标尺的投影，中间为零，左负右正。光屏中央有一条垂直刻线，标尺投影与该线重合处即天平的平衡位置。天平箱下的调屏拉杆可将光屏在小范围内调至零点。

⑩ 垫脚　天平箱下装有三个脚，前面的两个脚带有旋钮，可使天平底板升降，用以调节天平的水平位置。天平立柱的后上方装有气泡水平仪，用来指示天平的水平位置。

(3) 使用方法

① 取下天平罩，叠平后放在天平背后。检查天平各部件是否正常，秤盘是否洁净，是否水平，硅胶（干燥剂）容器是否靠住秤盘，圈码指数盘是否在"000"位，吊耳和圈码是否挂好，砝码盒内砝码、镊子是否齐全，待称量物质的温度是否与天平箱内温度相同等。

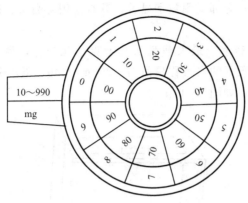

图 2-53 指数盘

② 调节零点 接通电源，开启升降旋钮（顺时针旋到底），此时可以看到标尺的投影在光屏上移动，标尺稳定后，如果屏幕中央刻线与标尺上的"0"不重合，左右拨动调零杆，移动投影屏的位置，直到刻线恰好与"0"重合，即调定零点。如果仍不能重合，则需关闭天平，调节天平上的平衡螺丝调节零点。方法为：将微动调节杆放在与自己平行的位置，调节横梁上平衡调节螺丝（遵循右手螺旋法则——四指为螺丝旋转的方向，大拇指为螺丝前进的方向），再开启天平，若屏中刻线在"0"线左右3格内，拨动调零杆，调到零点，否则继续调节平衡调节螺丝，直至调定零点。调节零点需在天平各部件正常后进行，并且应在空载状态下进行。零点调好后关闭天平，准备称量。

③ 称量 称量者必须面对天平正中端坐，打开天平左门，将被称量物质放入左盘中心（被称量物可预先在托盘天平上粗称），关闭天平门。根据粗称数据，在天平右盘加相应砝码至克位，大砝码在盘的中央，小的集中在其周围，各砝码不能相碰。加圈码时，转动加码旋钮动作要缓慢，每次从中间量（500mg、50mg）开始调节。注意：加减砝码时要关闭天平。

顺时针旋转旋钮，微微开启天平，按标尺移动方向或指针偏移方向增减砝码（标尺的投影向重盘方向移动、指针下端向轻盘方向倾斜）。当指针偏转在标牌范围内，可完全开启天平，至投影屏中出现静止到10mg内的读数为止。调整砝码的顺序是：由大到小、依次调定。砝码未完全调定时不可完全开启天平，以免横梁过度倾斜，以至于造成横梁错位或吊耳脱落！

④ 读数 关闭天平门，待标尺停稳后且刻线在0～10mg之间即可读数，按加码旋钮指数盘和投影屏上的数值来读取。被称物的质量等于砝码总质量加标尺读数（均以克计）。

⑤ 称量结束 称量、记录完毕，关闭天平。取出被称物，将砝码放回盒内并核对记录数据，圈码指数盘退回到"000"位，关闭两侧门，再完全打开天平，观察屏中刻线，屏中刻线应在"0"线左右2格内，否则应重新称量。关闭天平，进行登记，盖上防尘罩，经教师允许后方可离开。

2.4.2.2 电子天平

(1) 电子天平种类 电子天平是利用电子装置完成磁力补偿的调节或通过电磁力矩的调节，使物体在重力场中实现力的平衡，直接称量，全量程不需砝码。电子天平最基本的功能是自动调零、自动校准、自动去皮、自动显示称量结果等，它称量快捷、自动化程度高、使用简便，放上称量物后，几秒钟即达到平衡，显示读数，是目前最好的称量仪器。电子天平无刀口刀承，无机械磨损，全部采用数字显示，具有使用寿命长、性能稳定、操作简便和灵敏度高的特点。

电子天平的规格品种较多，最大载荷从几十克至几千克，最小分度值可至 0.001mg。一般化学检验中所用电子天平的最大称量值为 100g 或 200g，最小分度值为 0.1mg，实验室常用的电子天平为直立式，如图 2-54 所示。

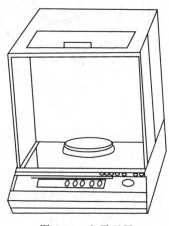

图 2-54　电子天平

(2) 使用方法　电子天平只使用"开/关"键、"除皮/调零"键和"校准/调整"键。

① 将天平置于稳定的工作台上，观察水平仪，如水平仪水泡偏移，需调整水平调节脚，使水泡位于水平仪中心。

② 接通电源，预热 30min 以上，开启显示器进行操作。

③ 按一下"开/关"键，显示屏很快出现"0.0000g"，如果不是则需按一下"调零"键。

④ 将被称物轻轻放在秤盘上，这时可见显示屏上的数字在不断变化，待数字稳定并出现质量单位"g"后，即可读数（最好再等几秒钟）并记录称量结果。

⑤ 去皮称量　按"除皮/调零"键清零，置容器于秤盘上，天平显示容器质量，再按"除皮/调零"键，显示零，即去除皮重。再将被称量物放置于容器中，或将称量物（粉末状物或液体）慢慢加入容器中直至达到所需质量，待显示数字稳定，即为称量物的净质量。

⑥ 称量完毕，取下被称物，如果不久还要继续使用天平，可暂不按"开/关键"，天平将自动保持零位，或者按一下"开/关键"（但不可拔下电源插头），让天平处于待命状态，即显示屏上数字消失，左下角出现一个"0"，再来称样时按一下"开/关"键就可使用。如果较长时间（半天以上）不再用天平，应拔下电源插头，盖上防尘罩。

⑦ 如果天平长时间没有用过，或天平移动过位置，应进行一次校准。校准要在天平通电预热 30min 以后进行，程序是调整水平，按下"开/关"键，显示稳定后如不为零则按一下"调零"键，稳定地显示"0.0000g"后，按一下校准键（CAL），天平将自动进行校准，屏幕显示"CAL"，表示正在进行校准。10s 左右，"CAL"消失，表示校准完毕，应显示出"0.0000g"，如果显示不正好为零，可按一下"调零"键，然后即可进行称量。

2.4.3　物质的称量方法

对机械天平而言，根据不同的称量对象，需采用相应的称量方法。

2.4.3.1 直接称量法

天平零点调定后,将被称物直接放在称量盘上,所得读数即被称物的质量。该法常用于称量小烧杯、称量瓶等的质量。此外不易吸水、在空气中稳定的物质也可置于天平盘的表面皿上直接称取。

2.4.3.2 固定质量称量法

固定质量称量法,又称指定质量称量法。如直接用基准物质配制标准溶液时,需要配成一定浓度值的溶液,要求所称基准物质的质量必须是固定的,可用此法。

先将称量容器(如表面皿)置于天平左盘,称出其质量,再在右盘加上相当于称量容器与欲称试样总质量的砝码,然后用牛角匙向称量容器内加入试样,至达到所需质量为止。向称量容器内加入试样的方法如图 2-55 所示,将盛有试样的牛角匙伸向表面皿上方,以食指轻击匙柄,将试样慢慢弹入,半开天平试其加入量,直到所加试样量与预称量之差小于微分标牌的标度时,便可以开启天平,极其小心地让匙内试样以尽可能少的量慢慢抖入容器。此时,既要注意试样抖入量,也要注意微分标牌的读数,当微分标牌上中线正好移动到所需要的刻度时,立即停止抖入试样。若试样不慎加多,应先关闭天平,用牛角匙取出多余试样(不要放回原瓶),重复上述操作。此法适于称量不易吸潮、在空气中能稳定存在的粉末状或小颗粒物质,如基准物质。

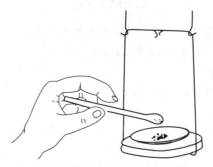

图 2-55 固定质量称量法

2.4.3.3 减量(差减)称量法

取适量待称样品置于一洁净干燥的容器(称固体粉状样品用称量瓶,称液体样品可用小滴瓶)中,在天平上准确称量后,转移出欲称量的样品置于实验器皿中,再次准确称量,两次称量读数之差,即所称取样品的质量。称量时,用纸条叠成宽度适中的两三层纸带,毛边朝下套在称量瓶上。右手拇指与食指拿住纸条,由天平的右门放在天平右盘的正中,取下纸带。用直接称量法,称出瓶和试样的质量。然后右手用纸带将称量瓶拿到接受器上方,左手用另一小纸片衬垫瓶盖顶部,打开瓶盖,勿使瓶盖离开容器上方。将瓶身慢慢向下倾斜,用瓶盖轻敲瓶口内边缘,使试样落入容器中。接近需要量时,一边继续用盖轻敲瓶口,一边慢慢将瓶身竖直,使沾在瓶口的试样落回瓶中,盖好瓶盖,放回天平盘上,称出其质量。两次质量之差,即为倒出的试样质量。若不慎倒出的试样超过了所需的量,则应重称。如果接受的容器口较小(如锥形瓶等),也可以在瓶口上放一只洗净的干燥小漏斗,将试样倒入漏斗内,待称好试样后,用少量蒸馏水将试样洗入容器内。

这种称量方法适用于一般的颗粒状、粉状及液态样品。由于称量瓶和滴瓶都有磨口瓶塞,对于称量较易吸湿、氧化、挥发的试样很有利。

2.4.3.4 液体样品的称量

液体样品的准确称量比较麻烦。

（1）性质较稳定、不易挥发的样品　可装在干燥的小滴瓶中用差减法称量，最好预先粗测每滴样品的大致质量。

（2）较易挥发的样品　可用增量法称取，例如称取浓盐酸试样时，可先在100mL具塞锥形瓶中加入20mL水，准确称量后快速加入适量的样品，立即盖上瓶塞，再进行准确称量，随后即可进行测定（例如用NaOH溶液滴定HCl）。

（3）易挥发或与水作用强烈的样品　需要采取特殊的办法进行称量，例如冰醋酸样品可用小称量瓶准确称量，然后连瓶一起放入已装有适量水的具塞锥形瓶，摇动使称量瓶盖子打开，样品与水混合后进行测定。发烟硫酸及硝酸样品一般采用直径约10mm、带毛细管的安瓿球称取。先准确称量空安瓿球，然后将球形部分经火焰微热后，迅速将其毛细管插入样品中，球泡冷却后可吸入1~2mL样品，注意勿将毛细管部分碰断。再用吸水纸将毛细管擦干并用火焰封住毛细管尖，准确称量后将安瓿球放入盛有适量试剂的具塞锥形瓶中，摇碎安瓿球，若摇不碎亦可用玻棒击碎。断开的毛细管可用玻棒碾碎。待样品与试剂混合并冷却后即可进行测定。

练习思考题

1. 为什么每次称量前都要测定零点？零点是否一定要在"0"处？
2. 称量时若标尺向正向移动，应加砝码还是减砝码？
3. 加减砝码时应按什么顺序？
4. 直接称量法、差减称量法分别适合什么情况下使用？
5. 电子天平如何使用？
6. 怎样使用称量瓶和干燥器？

2.5　滴定分析操作技术

2.5.1　滴定管

2.5.1.1　滴定管的规格

滴定管如图2-56所示，主要用于滴定分析和准确移取一定体积的液体。滴定管按作用分为酸式与碱式两类。还有一种酸碱两用滴定管，其旋塞是用聚四氟乙烯材料做成的。

管壁上有刻度线和数值，最小刻度为0.1mL，读数可以估读到0.01mL，"0"刻度在上，自上而下数值由小到大。滴定管有碱式和酸式、无色和棕色之分，酸式滴定管下端用玻璃旋塞控制液体流速，盛酸性或氧化性溶液；碱式滴定管下端连接一内有玻璃球的橡胶管，用以控制液体流速，盛碱性或还原性溶液；还有一种塑料活塞的滴定管，可以盛装酸性、碱性溶液等。实验室常用的是50mL和25mL滴定管，此外，还有10mL、5mL、2mL和1mL的微量滴定管。

滴定管的容量精度分为A级和B级。通常以喷、印的方法在滴定管上制出耐久性标志如制造厂商标、标准温度（20℃）、量出式符号（Ex），精度级别（A或B）和标称总容量（mL）等。

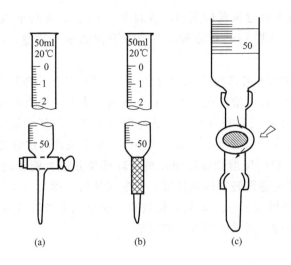

图 2-56 滴定管

在使用滴定管时首先对滴定管进行初步检查,酸式滴定管活塞是否匹配、滴定管尖嘴和上口是否完好;碱式滴定管的乳胶管孔径与玻璃珠大小是否合适,乳胶管是否有孔洞、裂纹和硬化等。

2.5.1.2 滴定管的使用

根据所装溶液的性质和滴定消耗体积,选择不同类型和不同规格的滴定管。

(1) 涂油 滴定管平放在实验台上,取下旋塞,用滤纸擦干旋塞、旋塞孔和旋塞槽。用手指蘸少许凡士林,将活塞两端沿圆周各涂上一层薄薄的凡士林,如图 2-57 所示。然后将活塞直插入旋塞中,如图 2-58 所示,向同一方向旋转活塞,如图 2-59 所示,使旋塞与旋塞槽接触的部分均匀透明,没有纹路,且旋塞转动灵活为止。用橡皮套将旋塞固定好。若活塞小孔堵塞可用细铜丝捅出或插入热水中温热片刻,打开活塞,使管内的水突然流下。

图 2-57 涂油

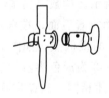
图 2-58 安装活塞

图 2-59 旋转活塞

(2) 试漏 将旋塞关闭,向滴定管里注满水,擦干滴定管外壁,将其直立夹在滴定管架上静置约 2min,观察滴定管口及旋塞两端是否漏水,若不漏,需将旋塞旋转 $180°$,静置 2min,再进行检查。如果发现漏水,需重新涂凡士林,直到检查旋塞不渗水方可使用。

(3) 洗涤 滴定管可用水冲洗或用细长刷子蘸合成洗涤剂刷洗,但不要用去污粉。零刻度线以上部位可用毛刷蘸洗涤剂刷洗,零刻度线以下部位采用洗液洗(碱式滴定管应除去乳胶管,用橡胶乳头将滴定管下口套住)。洗净的滴定管倒夹(防止落入灰尘)在滴定管台上备用。长期不用的滴定管应将旋塞和旋塞套擦拭干净,并夹上薄纸后再保存,以防旋塞和旋塞套之间粘住而打不开。

(4) 润洗 滴定管装滴定液前应用滴定液润洗 2~3 次,先从下端放出少许,然后用双手平托滴定管的两端,不断转动滴定管,使洗液润洗滴定管内壁,洗完后将洗液从上口倒出。

(5) 排气泡 向酸式滴定管内装入溶液至"0"刻度以上,打开旋塞,放出一些溶液,可迅速将旋塞完全打开,使溶液快速冲出,赶走气泡。或右手拿滴定管上部无刻度处,并使滴定管倾斜约 30°,左手迅速打开活塞使溶液冲出(下部有烧杯承接溶液),这时出口管中应不再留有气泡。若气泡仍未能排出,可重复操作。对于碱式滴定管装满溶液后,应将其垂直地夹在滴定管架上,左手拇指和食指捏住玻璃珠部位并使乳胶管向上弯曲,出口管斜向上,并在玻璃球部位往一旁轻轻捏挤乳胶管,使溶液从管口喷出(下面用烧杯接溶液),如图 2-60 所示。再一边捏乳胶管一边把乳胶管放直,注意当乳胶管放直后,再松开拇指与食指,否则管口仍会有气泡。最后将滴管外壁擦干。

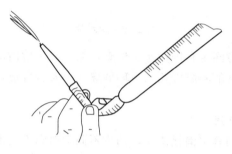

图 2-60 碱式滴定管排气泡的方法

(6) 调零 将溶液装至"0"刻线以上 5mm 左右,慢慢打开活塞使溶液液面慢慢下降,直至弯月面下缘恰好与零刻度线相切。将滴定管夹在滴定管架上,滴定之前再复核一下零点。

(7) 读数 装液或放液后,需等待 1~2min,待附着在滴定管内壁的溶液完全流下方可读数。读数时,视线应与弯月面下沿最低点在一水平面上,若读数时视线高于液面,读数会偏低;反之读数会偏高,如图 2-61 所示。读数时为了便于观察,也可借助读数卡(长方形,约 3cm×1.5cm 的黑纸),将其放在滴定管后面,在弯月面以下约 1mm,即可看到弯月面的反映层呈黑色,读取黑色弯月面下缘的最低点,如图 2-62 所示。如果溶液颜色深,观察不到弯月面,只能读液面最高点,图 2-63 为深色溶液的读数。

对于蓝带滴定管,读数方法与上述相同。当蓝带滴定管盛溶液后将有似两个弯月面的上下两个尖端相交,此上下两尖端相交点的位置,即为蓝带滴定管的读数的正确位置(见图 2-64)。

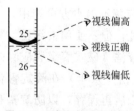

图 2-61 滴定管读数方法

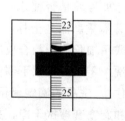

图 2-62 读数卡的使用

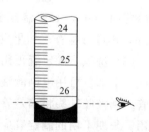

图 2-63 深色溶液的读数

必须读至小数点后第二位,即要求估计到 0.01mL。无论哪种读数方法,都应注意初读数与终读数采用同一标准。

2.5.1.3 滴定操作

左手握酸式滴定管,无名指和小指向手心弯曲,轻轻地贴着出管口,用其余三指控制活塞的转动如图 2-65 所示。不要向外拉活塞以免推出活塞造成漏水;也不要过分往里扣,以免使活塞转动困难。

左手握碱式滴定管,拇指在前食指在后,其他三指辅助夹住出口管,用拇指和食指捏住玻璃珠右侧中部如图 2-65 所示。向右边挤胶管,使玻璃珠移至手心一侧,溶液从玻璃珠旁边的缝隙流出,不要用力捏玻璃珠,也不要使玻璃珠上下移动,不要捏玻璃珠下部胶管,以免空气进入形成气泡,影响读数。停止加液时,应先松开拇指和食指,最后才松开无名指与小指。

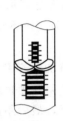

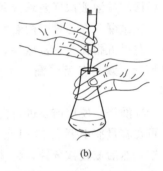

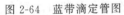

图 2-64 蓝带滴定管图　　图 2-65 酸式滴定管(a)和碱式滴定管(b)的操作

进行滴定时,应将滴定管垂直地夹在滴定管架上。采取站姿滴定,操作者身体要站正。为操作方便也可坐着滴定。在锥形瓶中进行滴定时,用右手的拇指、食指和中指拿住锥形瓶,其余两指辅助在下侧,使瓶底离滴定台高约 2～3cm,滴定管下端伸入瓶口内约 1cm。左手按下述方法滴加溶液,右手运用腕力摇动锥形瓶,边滴边摇动。开始滴定速度可快些,但不能使溶液流成直线。此时眼睛应注意锥形瓶内溶液颜色的变化,接近终点时,应一滴或半滴加入(加半滴的方法是先使半滴溶液悬挂在管口,用锥形瓶口内壁,接触液滴,再用洗瓶吹入少量蒸馏水,冲洗瓶壁)。摇匀至指示剂变色而不再变化即为终点。

在烧杯中滴定时,将烧杯放在滴定台上,调节滴定管的高度,使其下端伸入烧杯内约 1cm。滴定管下端应在烧杯中心的左后方处(放在中央影响搅拌,离杯壁过近不利搅拌均匀)。左手滴加溶液,右手持玻璃棒搅拌溶液。

每次滴定最好都从"0.00"开始,这样可以减小误差。

2.5.2 容量瓶

2.5.2.1 规格

容量瓶主要用来准确配制一定体积准确浓度的溶液,或将浓溶液准确地稀释成一定体积的稀溶液。它是细颈梨形有精确体积标线的具塞平底玻璃瓶,配有磨口塞,有无色和棕色两种,分为 A 级和 B 级,其容量允差不同,A 级允差小。容量瓶上标有:温度、容量、刻度线,如图 2-66 所示。表示在所指温度下(一般为 20℃),容量瓶内溶液弯月面恰好与标线相切时,溶液体积恰好为瓶上所注明的容积。常用的容量瓶有 10mL,25mL,50mL,100mL,250mL,500mL 和 1000mL 等规格。

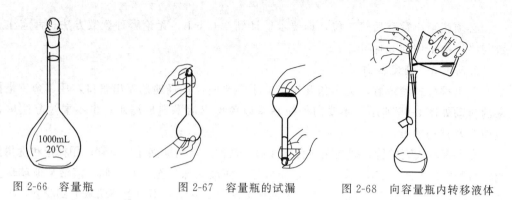

图 2-66　容量瓶　　　　图 2-67　容量瓶的试漏　　　　图 2-68　向容量瓶内转移液体

2.5.2.2　容量瓶的使用

根据配制溶液浓度要求或稀释要求及溶液对光的稳定性选择适当种类和规格的容量瓶。

（1）试漏　在容量瓶内装水至标线附近盖好塞，用滤纸擦干瓶口和盖。用右手食指顶住瓶塞，左手五指托住容量瓶底，将其倒立2min，停顿一会，观察瓶塞周围是否漏水，如图2-67所示。观察有无渗漏（可用滤纸查看），将瓶塞转动180°再试一次，如不漏水即可使用。

（2）洗涤　使用前要进行洗涤，注意不能用毛刷刷洗，尽量只用水清洗。若洗涤液洗涤，可在容量瓶中倒入15mL洗液，塞子沾少量洗液，塞好瓶塞，倾斜转动容量瓶使洗液布满内壁，然后放置数分钟，将洗液慢慢倒回原瓶。然后用自来水充分洗涤，最后用蒸馏水淋洗三次。洗净后立即盖好瓶塞待用。容量瓶使用完毕后，应洗净，在塞子与瓶口之间夹一条纸条，以防瓶塞与瓶口粘连。

（3）配制溶液　把准确称量好的固体溶质放在小烧杯中，用少量溶剂溶解，冷却。然后将玻璃棒一端靠在容量瓶颈内壁上，把溶液转移到容量瓶中，如图2-68所示，注意不要让玻璃棒其他部位触及容量瓶口，防止液体流到容量瓶外壁。再用溶剂洗涤烧杯和玻璃棒2~3次，并把洗涤溶液全部转移到容量瓶中。向容量瓶内加入溶剂，当液面离标线1cm时，等1~2min，待瓶颈上的溶液完全流下，再用胶头滴管小心滴加溶剂，使溶液弯月面与标线正好相切。若加溶剂超过刻度线，需重新配制。盖紧瓶塞，用倒转和摇动的方法使瓶内的液体混合均匀，静置。若液面低于刻度线，不需再向瓶内添溶剂。配制好的溶液要放在细口瓶中保存。注意：容量瓶只用于配制溶液，不能储存溶液，因为溶液可能会腐蚀瓶体，影响容量瓶的精度。

溶质为液体时，用移液管移取所需体积的溶液放入容量瓶，按上法稀释摇匀。

2.5.3　移液管和吸量管

2.5.3.1　规格

移液管和吸量管都是用来准确量取一定体积液体的仪器。移液管如图2-69所示，中间有一膨大部分，管颈上部有一刻线，但没有分度刻线，当所吸取的液体到达刻线，即为移液管所标注的体积。常见移液管有5mL、10mL、25mL、50mL等。移液管按其容量精度分为A级和B级。而吸量管上标有分刻度，如图2-70所示，管上标有容量，常见吸量管有1mL、2mL、5mL、10mL等。两者所不同的是移液管一次只能移取规格所示体积的液体，而吸量管可移取分刻度所示不同体积的液体。吸量管还分完全流出式、不完全流出式和吹出式。

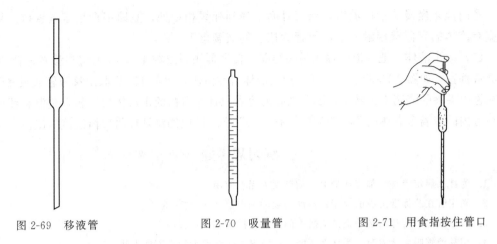

图 2-69　移液管　　　　图 2-70　吸量管　　　　图 2-71　用食指按住管口

2.5.3.2　使用方法

根据移液量的要求，选择合适规格，并检查管口是否平整、排液嘴是否完整无损。

(1) 洗涤　先用自来水冲洗，再用铬酸洗液洗涤。洗涤方法为右手拿移液管或吸量管，下端垂直插入洗液中，左手拿洗耳球并挤压，排出空气，然后把洗耳球尖嘴接在移液管或吸量管的上口，慢慢松开左手，洗液会被慢慢吸入管中，至刻度以上。稍停顿一会儿，移开洗耳球，洗液放回原瓶。或者吸取少量洗液（移液管约膨大部分 1/4 处；吸量管约 1/5 处），用右手食指按住管口，注意不要用大拇指，如图 2-71 所示，移出洗液后，把管横放，左右两手大拇指和食指分别拿住管的两端，注意手不要碰到浸入洗液的一端。慢慢转动，使洗液流经管的内壁，再将洗液从上口倒出，用蒸馏水冲洗干净即可。

(2) 润洗　移取溶液前，必须用滤纸将尖端内外的水除去，要用待吸取的溶液进行润洗。方法与上述洗涤方法相同（注：润洗一般从下口排出废液），一般要润洗 2～3 次。

(3) 移取溶液　右手持移液管或吸量管，将其尖端插入待吸液面下 1～2cm 深处，插入不要太浅，否则会吸空。左手拿洗耳球把液体慢慢吸入管中，吸液时，应使管尖随液面下降而下降。当溶液吸至标线以上约 2cm 处立即用食指按住管口，如图 2-72 所示。

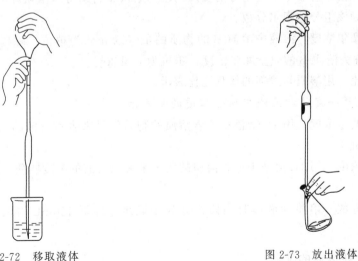

图 2-72　移取液体　　　　　　图 2-73　放出液体

(4) 调整液面　将移液管竖直离开液面，略微放松食指或用大拇指和中指轻轻转动移液管，管内液体慢慢从下口流出，当弯月面下降到标线相切处，立即用食指压紧管口。将管尖与盛有液体的容器壁接触一下，使管尖挂有的液滴落下。

（5）放出液体　把移液管移入另一容器，使容器倾斜成约45°，其内壁与移液管管尖紧贴，移液管垂直，如图2-73所示，松开食指使液体自然流出，再等15s后取出移液管或吸量管。残留在管内尖嘴的液滴不必吹出，因移液管的容量只计算自由流出液体的体积，刻制标线时已把留在管内的液滴考虑在内了。若管口标有"吹"字，则应用洗耳球将残留溶液吹出。

练习思考题

1. 为什么滴定管每次都应从最上面的刻度为起点使用？
2. 滴定管在装标准溶液前要用此标准溶液冲洗内壁2~3次，为什么？
3. 装溶液时，为什么必须把试剂瓶中的溶液直接倒入滴定管中？
4. 用移液管吸取溶液时，为什么不能将移液管插入液面太深也不能太浅？
5. 移液管为什么不能在烘箱中烘烤？
6. 用分度移液管量取少量的溶液，每次都应从最上面的刻度为起点，放出所需要体积，而不是放多少体积就吸多少体积。为什么？
7. 容量瓶如何查漏？
8. 用蒸馏水洗涤过的移液管、滴定管为什么要用待盛装溶液润洗？
9. 酸式滴定管应怎样涂凡士林？
10. 滴定管中若有气泡会对滴定结果有何影响？怎样除去气泡？

2.6　溶液的配制

2.6.1　溶液浓度的表示方法

2.6.1.1　用溶质与溶剂的相对量表示

（1）质量分数　溶质的质量与溶液的质量之比称为溶质的质量分数。

（2）摩尔分数　溶液中某一组分的物质的量与溶液中各组分（溶质和溶剂）物质的量的总和之比，称为该组分的摩尔分数。

（3）质量摩尔浓度　溶液中溶质B的物质的量（以mol为单位）除以溶剂的质量（以kg为单位），称为溶质B的质量摩尔浓度，单位为mol/kg。

（4）体积比　用溶质与溶剂的体积之比表示。

2.6.1.2　用一定体积溶液中所含溶质的量表示

（1）物质的量浓度　用1L溶液中所含溶质的物质的量来表示溶液的浓度叫物质的量浓度，单位为mol/L。

（2）质量浓度　用1L溶液中所含溶质的质量来表示溶液的浓度叫质量浓度，单位为g/L、mg/L等。

（3）体积分数　溶质为液体时用体积分数φ表示，即每100mL溶液中所含溶质的毫升数。

2.6.2　一般溶液的配制

一般溶液配制时，浓度要求不需要十分准确，固体溶质可在托盘天平上称其质量；液体溶剂或试剂可用量筒量取其体积。配制时将固体溶质或液体试剂置于烧杯中，加水溶解并稀释至所需体积即可。若溶解过程放热，则需冷却至室温后，再稀释。若经常使用大量溶液，可配制所需浓度10倍的储备液，用时稀释10倍即可。

若所配制溶液需要的溶质质量很少时，可用分析天平称量。在混合时放出大量热的物质，例如浓硫酸与浓硝酸混合，应把密度较大的浓硫酸沿器壁慢慢注入浓硝酸中，并用玻璃棒不断搅拌。

2.6.3 标准溶液的配制

2.6.3.1 直接法

准确称取一定量的物质，溶解后小心转移到容量瓶内，然后稀释到一定体积，根据物质的质量和溶液体积，可计算出该溶液的准确浓度。能用于直接配制标准溶液的物质为基准物质。

由固体配制一定体积、一定物质的量浓度的溶液时，首先根据要求用公式

$$m = cVM$$

式中 c——溶液物质的量浓度，mol/L；
V——所配制溶液的体积，L；
M——溶质的摩尔质量，g/mol。

计算所需固体溶质的质量，再用分析天平称量固体溶质的质量，放入小烧杯中，先加少量水，用玻璃棒搅拌，使之溶解并冷却后，用玻璃棒将溶液转移至规格为所配制溶液体积的容量瓶中，再用少量蒸馏水洗涤烧杯和玻璃棒2~3次，将每次洗涤液均注入容量瓶中，振荡容量瓶中的溶液使之混合均匀，方法如图2-74所示，最后将配好的溶液，转移至指定试剂瓶中，贴标签保存。

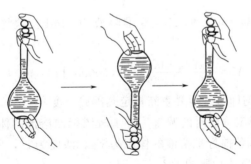

图2-74 用容量瓶配制溶液的操作

由浓溶液配制一定物质的量浓度的稀溶液：根据

$$c_1 V_1 = c_2 V_2$$

式中 c_1——浓溶液的浓度；
V_1——浓溶液的体积；
c_2——稀溶液的浓度；
V_2——稀溶液的体积。

计算所需浓溶液的体积，用移液管或滴定管量取浓溶液，置于小烧杯中，加少量水稀释，冷却后用玻璃棒将溶液转移至规格为所配制溶液体积的容量瓶中，再用少量蒸馏水洗涤烧杯和玻璃棒2~3次，将每次洗涤液均注入容量瓶中，振荡容量瓶中的溶液使之混合均匀，

最后将配好的溶液，转移至指定试剂瓶中，贴标签保存。

2.6.3.2 间接法

大多数物质不宜用直接法配制，例如浓盐酸易挥发、氢氧化钠容易吸收空气中的水和二氧化碳，因此不能直接配制准确浓度的标准溶液，只能用间接配制法。即粗略称取一定量物质或量取一定体积溶液，配制成接近于所需浓度的溶液，然后用基准物质或另一种已知浓度的标准溶液来测定其浓度，这种确定溶液浓度的操作称为标定。

（1）用基准物标定　称取一定量的基准物质，溶解后用待标定的溶液滴定，然后根据基准物质的质量及待标定的溶液所消耗的体积，可算出待标定溶液的准确浓度。如盐酸可用基准物 Na_2CO_3 标定。

（2）用标准溶液测定　准确吸取一定量的待标定溶液，用已知准确浓度的标准溶液滴定，然后根据两种溶液的体积和标准溶液的浓度，可计算出待标定溶液的准确浓度。如盐酸可用标准 NaOH 溶液标定。该方法会因标准溶液浓度不准确影响待标定溶液的准确性，因此标定时更多采用基准物质标定。

2.6.3.3 标准溶液浓度的调整

在配制规定浓度的标准溶液时，若标定后的浓度不在所要求的范围内，可用下述方法计算，求出稀释时应补加的水量，或者增浓时应补加的较浓溶液的体积，然后调整至所需浓度。

（1）配制浓度大于规定浓度时的调整　加水的体积为 V，调整前标准溶液的体积为 V_0，浓度为 c_0，所需标准溶液的规定浓度为 c，调整前后溶液中溶质的物质的量不变，即

$$c_0 V_0 = c(V_0 + V)$$

则有
$$V = \frac{c_0 - c}{c} V_0$$

现有 $c(HCl) = 0.1034\,mol/L$ 的 HCl 标准溶液 5000mL，欲将其稀释成 $0.1000\,mol/L$，应补加多少水？计算得

$$V = \frac{0.1034 - 0.1000}{0.1000} \times 5000 = 170 \text{ (mL)}$$

补加 170mL 水，混匀即可，但要重新标定其准确浓度。

（2）配制浓度小于规定浓度时的调整　补加较浓标准溶液的体积为 V_1，较浓标准溶液的物质的量浓度为 c_1，调整前标准溶液的体积为 V_0，浓度为 c_0，所需标准溶液的规定浓度为 c，调整前后溶液中溶质的物质的量不变，即

$$c_0 V_0 + c_1 V_1 = c(V_0 + V_1)$$

则有
$$V_1 = \frac{c - c_0}{c_1 - c} V_0$$

练习思考题

1. 标准溶液如何配制？如何贮存标准溶液？
2. 标定标准溶液常用的方法有哪些？
3. 用于直接配制标准滴定溶液的基准物质应符合什么条件？
4. 标定 NaOH 溶液时，草酸（$H_2C_2O_4 \cdot 2H_2O$）和邻苯二甲酸氢钾（$KHC_8H_4O_4$）都可以作基准物质，若 $c(NaOH) = 0.05\,mol/L$ 选哪一种为基准物质更好？若 $c(NaOH) = 0.2\,mol/L$ 呢？（从称量误差考虑）。

5. 配制质量分数为 20% 的 KI 溶液 100g，应称取 KI 多少克？加水多少克？如何配制？

6. 欲配制质量分数为 20% 的硝酸（$\rho_2 = 1.115$g/mL）溶液 500mL，需质量分数为 67% 的浓硝酸（$\rho_1 = 1.40$g/mL）多少毫升？加水多少毫升？如何配制？

7. 用无水乙醇配制 200mL 体积分数为 70% 的乙醇溶液，应如何配制？

8. 现有 $c(HCl) = 0.1034$mol/L 的 HCl 标准溶液 5000mL，欲将其稀释成 0.1000mol/L，应补加多少水？

9. 现有 $c(HCl) = 0.09025$mol/L 的 HCl 标准溶液 2000mL，欲将其浓度调整为 $c(HCl) = 0.1000$mol/L，需要加多少 $c(HCl) = 1.002$mol/L 的 HCl 标准溶液？

2.7 无机物质的制备

2.7.1 无机物的制备方法

物质的制备就是利用化学方法将单质、简单的无机物合成较复杂的无机物的过程；或者将较复杂的物质分解成较简单的物质的过程；以及从天然产物中提取出某一组分或对天然物质进行加工处理的过程。要制备一种物质，首先要选择正确的制备路线与合适的反应装置。通过一步或多步反应制得的物质往往是与过剩的反应物以及副产物等多种物质共存的混合物，还需通过适当的手段对物质进行分离和净化，才能得到纯度较高的产品。

2.7.1.1 利用溶液中离子反应来制备

利用两种不同化合物在水溶液中的正、负离子发生互换反应，如果生成物是气体或沉淀，则通过收集气体或分离沉淀，即获得产品；如果生成物也可溶于水，就用结晶法获得产品，并通过重结晶来提纯产品。

制备的主要操作包括溶液的蒸发浓缩、结晶、重结晶、过滤和沉淀洗涤等。硝酸钾的制备就属于此类反应。

制备硝酸钾的原料是 KCl 和 $NaNO_3$，其反应为：

$$NaNO_3 + KCl \rightleftharpoons KNO_3 + NaCl$$

由于生成的产物均是可溶性盐，则需要根据温度对反应中几种盐类溶解度的不同影响来处理。

当两种溶液混合后，在混合液中同时存在 Na^+、K^+、Cl^- 和 NO_3^- 四种离子，由这四种离子组成的四种盐在不同的温度时的溶解度有所不同，由表 2-5 的数据可看出，氯化钠的溶解度随温度变化极小，KCl 和 $NaNO_3$ 的溶解度也改变不大，只有 KNO_3 的溶解度随着温度的升高而加快。

表 2-5　某些易溶盐的溶解度　　　　　　单位：g/100g 水

温度/℃ 盐	0	20	40	70	100
KNO_3	13.3	31.6	63.9	138	246
KCl	27.6	34.0	40.0	48.3	56.7
$NaNO_3$	73	88.0	104.0	136	180
NaCl	35.7	36.0	36.6	37.8	39.8

由于 4 种盐的溶解度随温度升高的变化规律不同，因此，只要把一定量的 $NaNO_3$ 和 KCl 混合溶液加热浓缩，当浓缩到 NaCl 过饱和时，溶液中就有 NaCl 析出，随着溶液的继

续蒸发浓缩，析出 NaCl 量也越来越多，上述反应也就不断朝右方进行，溶液中 KNO_3 与 NaCl 含量的比值不断增大。当溶液浓缩到一定程度后，停止浓缩，将溶液趁热过滤，分离去除所析出的 NaCl 晶体，滤液冷却至室温，溶液中便有大量的 KNO_3 晶体析出。其中共析出的少量 NaCl 等杂质可在重结晶中与 KNO_3 晶体分离除去。产物 KNO_3 中杂质 NaCl 的含量可利用 $AgNO_3$ 与氯化物生成 AgCl 白色沉淀的反应来检验。

2.7.1.2 利用化合物分子配比来制备

利用化合物分子配比来配制分子间化合物，包括有水合物如胆矾 $CuSO_4 \cdot 5H_2O$；氨合物如 $CaCl_2 \cdot 8NH_3$；复盐如光卤石 $KCl \cdot MgCl_2 \cdot 6H_2O$；配位化合物如 $K_4[Fe(CN)_6]$；有机分子加合物如 $CaCl_2 \cdot 4C_2H_5OH$ 等，它们是简单化合物按一定化学计量比结合而成的。制备的操作比较简单。先是由简单化合物在水溶液中相互作用，经过蒸发浓缩溶液，冷却、结晶，最后过滤、洗涤、烘干结晶便得到产品。

① 各原料必须经过提纯，分子间化合物形成后，杂质离子就不易除去。

② 投料量　在实际操作中，一般让价格较低的组分过量，有利于充分利用价格较高的组分，以降低成本。

③ 必须考虑各物料的投料浓度　如在 $(NH_4)_2SO_4 \cdot Al_2(SO_4)_3 \cdot 24H_2O$ 的合成中，由于 $(NH_4)_2SO_4$ 为过量，可按其溶解度配制成饱和溶液，而 $Al_2(SO_4)_3$ 则应稍稀些为宜。如果两者的浓度都很高，容易形成过饱和，不易析出结晶。即使析出，颗粒也较小。大量的小晶体，由于比表面积较大而吸附杂质较多，影响产品纯度；如果两者浓度都很小，这样不仅蒸发浓缩能耗多，时间较长，而且也影响产率。

④ 控制结晶操作条件　一般要经过蒸发、浓缩、冷却、过滤、洗涤、干燥等工序后，才能得到产品。但由于分子间化合物的范围十分广泛，性质各异，所以在合成时还应考虑它们在水中以及对热的稳定性大小。对一些稳定的复盐可正常操作，对于热稳定性较差的复盐，欲使其从溶液中析出晶体，必须更换溶剂，一般是在水溶液中加入乙醇，以降低溶解度，使结晶析出。

例如，硫酸铝钾的制备。金属铝溶于氢氧化钠溶液，生成可溶性的四羟基铝酸钠。

$$2Al + 2NaOH + 6H_2O == 2NaAl(OH)_4 + 3H_2\uparrow$$

金属铝中其他杂质则不溶。随后用 H_2SO_4 调节此溶液的 pH 值为 8~9，即有 $Al(OH)_3$ 沉淀产生，分离后在沉淀中加入 H_2SO_4 至使 $Al(OH)_3$ 转化为 $Al_2(SO_4)_3$：

$$2Al(OH)_3 + 3H_2SO_4 == Al_2(SO_4)_3 + 6H_2O$$

在 $Al_2(SO_4)_3$ 溶液中加入等量的 K_2SO_4，即可制得硫酸铝钾。

$$Al_2(SO_4)_3 + K_2SO_4 + 24H_2O == 2KAl(SO_4)_2 \cdot 12H_2O$$

2.7.1.3 利用非水溶剂来制备

有些化合物具有强烈的吸水性，如 PCl_3、$SiCl_4$、$SnCl_4$、$FeCl_3$ 等，遇到水或潮湿空气就迅速反应而生成水合物，所以不能从水溶液中制得；有强还原剂参与的反应（水要被还原），高温（>100℃）和低温下进行的反应都不能使用水作溶剂，因此需要在非水溶剂中制备。

常用的无机非水溶剂有氨、硫酸、氟化氢，某些液体氧化物如液态 N_2O_4、冰醋酸等。有机非水溶剂有四氯化碳、乙醚、丙酮、汽油、石油醚等。

此外还有利用矿石来制备；利用高温来制备；利用电解来制备；利用静电放电来制备；利用光化学来制备；利用化学反应将难挥发物质从某一个温度区域传输到另一个温度区域的化学传输制备方法等。

2.7.2 无机物的纯化

2.7.2.1 结晶

一是通过蒸发或汽化部分溶剂，使溶液浓缩到饱和状态后溶质析出，主要用于提纯溶质的溶解度随温度降低而减小不多的物质，如 NaCl、KCl 和 $BaCl_2$ 等。二是将溶液冷却至过饱和而使溶质析出，主要用于纯化那些溶解度随温度降低而显著减小的物质，如 KNO_3 和 $Ba(NO_3)_2$ 等。

2.7.2.2 重结晶

在初步获得的晶体中重新加入溶剂加热溶解，冷却，再结晶，此操作称为重结晶，重结晶能使产品纯度大大提高，但是产率却随之降低。

2.7.2.3 蒸馏

蒸馏是利用互溶液体混合物中各组分的挥发性不同，通过蒸发、冷凝，而使其分离的过程，这是提纯液体物质的一种方法。液体的挥发性与其沸点有关，液体的沸点低，容易挥发，即挥发性高；沸点高的难挥发，即挥发性小。当加热互溶液体混合物时，其蒸气中容易挥发的组分含量较多，而在剩余的液体中则难挥发组分的含量较高。将蒸气冷凝后，在冷凝液中富集着易挥发组分，即沸点低的组分。这样，便将液体混合物中各组分部分地或全部分离。

通过一次普通蒸馏，一般只能做到部分分离。为了达到较彻底分离，就要进行多次重复蒸馏，在每一次重复中，液体组分都可得到进一步的纯化，这个过程称作精馏。

2.7.2.4 化学反应提纯

一种不纯的固体物质，在一定温度下与一种气体反应形成气相产物，该气相产物在不同温度下，又可发生分解，重新得到纯的固体物，这种反应称作化学转移反应。

2.7.2.5 沉淀

当物质中所含有的杂质离子易水解沉淀时，则可通过调节溶液 pH 值，促使杂质沉淀，经分离后达到提纯的目的，亦可通过氧化还原反应改变杂质离子价态，使杂质离子水解更完全。

2.7.3 无机物制备设计

2.7.3.1 制备路线的选择

制备路线可能有多种，选择适用于实验室或工业生产的制备路线。理想的制备路线具备下列条件：

① 原料资源丰富，便宜易得，生产成本低；

② 副反应少，产物容易纯化，总收率高；

③ 反应步骤少，时间短，能耗低，条件温和，设备简单，操作安全方便；

④ 不产生公害，不污染环境，副产品可综合利用。

在物质的制备过程中，还经常需要应用一些酸、碱及各种溶剂作为反应的介质或精制的辅助材料。如能减少这些材料的用量或用后能够回收，便可节省费用，降低成本。另一方面,制备中如能采取必要措施避免或减少副反应的发生及产品纯化过程中的损失,就可有效地提高产品的收率。

2.7.3.2 反应装置的选择

制备实验的装置是根据制备反应的需要来选择的,若所制备的是固体或液体物质,则需根据反应条件的不同、反应原料和反应产物性质的不同,选择不同的实验装置。

2.7.3.3 提纯方法的选择

制备的产品中含有过剩的原料、溶剂和副产物等,需要把产品与杂质分离开,这就需要根据反应产物与杂质理化性质的差异,选择适当的混合物分离技术。一般气体产物中的杂质,可通过装有液体或固体吸收剂的洗涤瓶或洗涤塔除去;液体产物可借助萃取或蒸馏的方法进行纯化;固体产物则可利用沉淀分离、重结晶或升华的方法进行精制。有时还可以通过离子交换或色谱分离的方法来达到纯化物质的目的。

在确定了制备路线、反应装置和精制方法以后,还需要查阅有关资料,了解原料和产物的物理、化学性质;准备好实验仪器和药品;然后制定实验计划并按计划完成制备实验。

2.7.4 固体的干燥技术

制备固体物质时过滤所得的晶体,总会含有一定的水分,需要干燥处理。常用的干燥方法有烘干、晾干和用吸水性物质吸干等。

2.7.5 产率的计算

2.7.5.1 转化率和产率

要根据基准原料的实际消耗量和初始量计算转化率(%),根据理论产量和实际产量计算产率(%)。

$$转化率 = \frac{基准原料的实际消耗量}{基准原料的初始量} \times 100\% \tag{2-1}$$

$$产率 = \frac{实际产量}{理论产量} \times 100\% \tag{2-2}$$

为了提高转化率和产率,常常增加某一反应物的用量。计算转化率和产率时,以不过量的反应物为基准原料。基准原料的实际消耗量是指实验中实际消耗的基准原料的质量,基准原料的初始量是指实验开始时加入的基准原料的质量,实际产量是指实验中实际得到纯品的质量,理论产量是指按反应方程式,实际消耗的基准原料全部转化成产物的质量。

2.7.5.2 影响产率的因素

(1) 可逆反应 在一定的实验条件下,化学反应建立了平衡,反应物不可能完全转化成产物。

(2) 分离和纯化过程所引起的损失 有时制备反应所得粗产物的量较多,但却由于精制过程中操作失误,使产率大大降低了。

(3) 反应条件控制不当 在制备实验中,若反应时间不完全、温度控制不好或搅拌不够充分等都会引起实验产率降低。

2.7.5.3 提高产率的方法

(1) 增加反应物浓度 增加一种反应物的用量或除去产物之一,使反应向正方向进行。

(2) 加催化剂 选用适当的催化剂,可加快反应速率,缩短反应时间,提高实验产率,增加经济效益。

（3）控制反应条件　实验中若能严格地控制反应条件，就可有效地抑制副反应的发生，从而提高实验产率。如在硫酸亚铁铵的制备中，若加热时间过长、温度过高，就会导致大量Fe(Ⅲ)杂质的生成。在某些制备反应中，充分的搅拌或振摇可促使多相体系中物质间的接触充分，也可使均相体系中分次加入的物质迅速而均匀地分散在溶液中，从而避免局部浓度过高或过热，以减少副反应的发生。

练习思考题

1. 无机物的制备方法有哪些？
2. 如何选择无机物的制备路线？
3. 影响产率的因素有哪些？提高产率的方法有哪些？

第3章 无机与分析化学实验

实验1 认知无机与分析化学实验室

【实验目的】
1. 认识和认领实验常用的仪器及设备。
2. 了解各种玻璃仪器的规格和性能。
3. 掌握正确洗涤和干燥实验用仪器的方法。
4. 熟悉实验室的安全守则。
5. 了解无机与分析化学实验室工作的基本程序,熟悉工作环境。

【仪器试剂】
1. 仪器　容器类:洗瓶;试管;烧杯;表面皿;锥形瓶;烧瓶;试剂瓶;滴瓶;集气瓶;称量瓶;培养皿等。量器类:量筒;量杯;吸量管;移液管;容量瓶;滴定管等。其他玻璃器皿:冷凝管;分液漏斗;干燥器;砂芯漏斗;标准磨口玻璃仪器等。瓷质类器皿:蒸发皿;布氏漏斗;瓷坩埚;瓷研钵;点滴板等。其他器皿:洗耳球;石棉网;泥三角;三脚架;水浴锅;坩埚钳;药匙;毛刷;试管架;漏斗架;铁架台;铁圈;铁夹;试管夹等。
2. 试剂　常用洗涤用品及清洁用品;分析用的样品。

【实验步骤】
1. 了解无机与分析化学实验的一般流程。
2. 检查实验仪器,根据实验室提供的仪器登记表对照检查仪器的完好性。
3. 认识各种仪器的名称和规格。
4. 整理实验用仪器、设备,按规定要求合理摆放。
5. 学会用正确的洗涤方法清洗所用的实验仪器,了解仪器的干燥方法及干燥设备。
6. 熟悉实验室割伤、烫伤事故的预防与处理。
7. 观察无机与化学分析实验室,了解功能及环境要求。
8. 打扫无机与分析化学实验室,做好值日工作。

【思考题】
1. 无机与分析化学实验常用的仪器有哪些类别?
2. 各类仪器有何区别?
3. 你认识所领用的玻璃仪器吗?如何规范地使用?

实验2 铜、银、锌、汞及其重要化合物的性质

【实验目的】
1. 熟悉 Cu^{2+}、Ag^+、Zn^{2+}、Hg^{2+} 与氢氧化钠、氨水、硫化氢的反应。

2. 熟悉 Cu^{2+}、Ag^+、Hg^{2+} 与碘化钾的反应，以及它们的氧化性。

【仪器试剂】

1. 仪器　离心试管；离心机；水浴锅。

2. 试剂　H_2SO_4(2.0mol/L)；HCl(2.0mol/L，6.0mol/L)；HNO_3(6.0mol/L)，H_2S(饱和)；NaOH(2.0mol/L，6.0mol/L)；$NH_3 \cdot H_2O$(2.0mol/L，6.0mol/L)；$HgCl_2$(0.1mol/L)；KI(0.1mol/L)；$CuSO_4$(0.1mol/L)；$ZnSO_4$(0.1mol/L)；$AgNO_3$(0.1mol/L)；$Hg(NO_3)_2$(0.1mol/L)；$SnCl_2$(0.1mol/L)；NaCl(0.1mol/L)；$Na_2S_2O_3$(0.1mol/L)；NH_4Cl(0.1mol/L)；淀粉溶液(0.2%)；甲醛(2%)。

【实验步骤】

1. Cu^{2+}、Zn^{2+}、Ag^+、Hg^{2+} 与氢氧化钠的反应

(1) 取三支试管，均加入 1mL 0.1mol/L $CuSO_4$ 溶液，并滴加 2mol/L NaOH 溶液，观察 $Cu(OH)_2$ 沉淀的颜色。然后进行下列实验。

第一支试管中滴加 2.0mol/L H_2SO_4 溶液，观察现象。写出化学反应方程式。

第二支试管中加入过量的 6.0mol/L NaOH 溶液，振荡试管，观察现象。写出化学反应方程式。

将第三支试管加热，观察现象。写出化学反应方程式。

(2) 取两支试管，均加入 1mL 0.1mol/L $ZnSO_4$ 溶液，并滴加 2.0mol/L NaOH 溶液（不要过量），观察 $Zn(OH)_2$ 沉淀的颜色。然后在一支试管中滴加 2.0mol/L HCl 溶液，在另一支试管中滴加 2.0mol/L NaOH 溶液，观察现象。写出化学反应方程式。

比较 $Cu(OH)_2$ 和 $Zn(OH)_2$ 的两性。

(3) 在试管中加入 5 滴 0.1mol/L $AgNO_3$ 溶液，然后逐滴加入新配制的 2.0mol/L NaOH 溶液，观察产物的状态和颜色，写出化学反应方程式。

(4) 在试管中加入 10 滴 0.1mol/L $Hg(NO_3)_2$ 溶液，然后滴加 2.0mol/L NaOH 溶液，观察产物的状态和颜色。写出化学反应方程式。

2. Cu^{2+}、Zn^{2+}、Ag^+、Hg^{2+} 与氨水的反应

(1) 在试管中加入 1mL 0.1mol/L $CuSO_4$ 溶液，逐滴加入 6.0mol/L $NH_3 \cdot H_2O$，观察沉淀的产生。继续滴加 6.0mol/L $NH_3 \cdot H_2O$ 至沉淀溶解。写出化学反应方程式。

将上述溶液分为两份。一份滴加 6.0mol/L NaOH 溶液，另一份滴加 2.0mol/L H_2SO_4 溶液，观察沉淀重新生成。写出化学反应方程式并说明配位平衡的移动情况。

(2) 在试管中加入 1mL 0.1mol/L $ZnSO_4$ 溶液，并 2.0mol/L $NH_3 \cdot H_2O$，观察沉淀的产生。继续滴加 2.0mol/L $NH_3 \cdot H_2O$ 至沉淀溶解。写出化学反应方程式。

将上述溶液分成两份，一份加热至沸腾，另一份逐滴加入 2.0mol/L HCl 溶液，观察现象。写出化学反应方程式。

(3) 在试管中加入 5 滴 0.1mol/L $AgNO_3$ 溶液，再滴加 5 滴 0.1mol/L NaCl 溶液，观察白色沉淀的产生。然后滴加 6.0mol/L $NH_3 \cdot H_2O$ 至沉淀溶解。写出化学反应方程式。

(4) 在试管中加入 5 滴 0.1mol/L $Hg(NO_3)_2$ 溶液，并滴加 2.0mol/L $NH_3 \cdot H_2O$，观察沉淀的产生。加入过量的 $NH_3 \cdot H_2O$，沉淀是否溶解？

3. Cu^{2+}、Zn^{2+}、Ag^+、Hg^{2+} 与硫化氢的反应

取四支试管，分别加入 0.5mL 0.1mol/L $CuSO_4$、0.1mol/L $ZnSO_4$、0.1mol/L Ag-

NO$_3$、0.1mol/L Hg(NO$_3$)$_2$ 溶液,再各滴加饱和 H$_2$S 水溶液,观察它们反应后生成沉淀的颜色。然后依次试验这些沉淀与 6mol/L HCl 溶液和 6mol/L HNO$_3$ 溶液作用的情况。

铜、银、锌、汞的硫化物中,ZnS 可溶于盐酸,Ag$_2$S 和 CuS 不溶于盐酸,可溶于 HNO$_3$。HgS 既不溶于盐酸,也不溶于 HNO$_3$,只能溶于王水。其方程式为:

$$3HgS + 2HNO_3 + 12HCl \longrightarrow 3H_2[HgCl_4] + 2NO\uparrow + 3S\downarrow + 4H_2O$$

4. Cu^{2+}、Ag$^+$、Hg^{2+} 与碘化钾溶液的反应

(1) 在离心试管中,加入 5 滴 0.1mol/L CuSO$_4$ 溶液和 1mL 0.1mol/L KI 溶液,观察沉淀的产生及其颜色,离心分离,在清液中滴加 1 滴淀粉溶液,检查是否有 I$_2$ 存在;在沉淀中滴加 0.1mol/L Na$_2$S$_2$O$_3$ 溶液,再观察沉淀的颜色(白色)。

(2) 在试管中加入 3~5 滴 0.1mol/L AgNO$_3$ 溶液,然后滴加 0.1mol/L KI 溶液,观察现象。写出化学方程式。

(3) 在试管中加入 5 滴 0.1mol/L Hg(NO$_3$)$_2$ 溶液,逐滴加入 0.1mol/L KI 溶液,观察沉淀的产生。继续滴加 KI 溶液至沉淀溶解。写出化学方程式。

K$_2$[HgI$_4$] 的碱性溶液称为奈斯勒试剂,用于检验 NH$_4^+$:

取一支试管,加入 1mL 0.1mol/L NH$_4$Cl 溶液和 1mL 2.0mol/L NaOH 溶液,加热至沸。在试管口用一条经奈斯勒试剂润湿过的滤纸检验放出的气体,观察奈斯勒试纸上颜色的变化。离子方程式为:

$$NH_4^+ + 2HgI_4^- + 4OH^- \longrightarrow [OHg_2NH_2]I + 7I^- + 3H_2O$$
(红棕色)

5. Cu^{2+}、Ag$^+$、Hg^{2+} 的氧化性

(1) Cu^{2+} 的氧化性见实验内容 4 (1),其离子方程式为:

$$2Cu^{2+} + 4I^- \longrightarrow Cu_2I_2\downarrow + I_2$$

(2) 银镜反应 取一支洁净试管,加入 1mL 0.1mol/L AgNO$_3$ 溶液,逐滴加入 6.0mol/L NH$_3\cdot$H$_2$O 至产生沉淀后又刚好消失,再多加 2 滴。然后加入 1~2 滴 2% 甲醛溶液,将试管置于 77~87℃ 的水浴中加热数分钟,观察银镜的产生。其离子方程式为:

$$2Ag^+ + 2NH_3\cdot H_2O \longrightarrow Ag_2O + 2NH_4^+ + H_2O$$
$$Ag_2O + 4NH_3\cdot H_2O \longrightarrow 2[Ag(NH_3)_2]^+ + 2OH^- + 3H_2O$$
$$2[Ag(NH_3)_2]^+ + HCHO + 2OH^- \longrightarrow 2Ag\downarrow + HCOO^- + NH_4^+ + 3NH_3 + H_2O$$

(3) 在试管中加入 10 滴 0.1mol/L HgCl$_2$ 溶液,滴加 SnCl$_2$ 溶液,观察沉淀的生成及其颜色的变化。写出化学方程式。

【思考题】

1. Cu(OH)$_2$ 与 Zn(OH)$_2$ 的两性有何差别?
2. Hg^{2+}、Ag$^+$ 与 NaOH 溶液反应的产物为何不是氢氧化物?
3. Cu^{2+}、Zn^{2+}、Ag$^+$、Hg^{2+} 与 NH$_3\cdot$H$_2$O 反应有何异同?
4. Cu^{2+}、Ag$^+$、Hg^{2+} 与 KI 溶液反应有何不同?

实验3 铬、锰、铁、钴、镍及其重要化合物的性质

【实验目的】

1. 熟悉氢氧化铬的两性。

2. 熟悉铬常见氧化态间的相互转化及转化条件。

3. 了解一些难溶的铬酸盐。

4. 熟悉 Mn(Ⅱ) 盐与高锰酸盐的性质。

5. 熟悉 Fe(Ⅱ)、Co(Ⅱ)、Ni(Ⅱ) 化合物的还原性和 Fe(Ⅲ)、Co(Ⅲ)、Ni(Ⅲ) 化合物的氧化性。

6. 熟悉 Cr^{3+}、Mn^{2+}、Fe^{3+} 和 Fe^{2+} 的鉴定。

【仪器试剂】

1. 仪器　试管；胶头滴管。

2. 试剂　HCl(2.0mol/L，浓)；H_2SO_4(2.0mol/L)；HNO_3(3.0mol/L)；NaOH(2.0mol/L，6.0mol/L)；H_2O_2(3%)；$Cr_2(SO_4)_3$(0.1mol/L)；$K_2Cr_2O_7$(0.1mol/L)；$AgNO_3$(0.1mol/L)；$BaCl_2$(0.1mol/L)；$Pb(NO_3)_2$(0.1mol/L)；K_2CrO_4(0.1mol/L)；$MnSO_4$(0.1mol/L)；$KMnO_4$(0.01mol/L)；$CoCl_2$(0.1mol/L)；$NiSO_4$(0.1mol/L)；$FeCl_3$(0.1mol/L)；KI(0.1mol/L)；KSCN(0.1mol/L)；$K_4[Fe(CN)_6]$(0.1mol/L)；$K_3[Fe(CN)_6]$(0.1mol/L)；$FeSO_4$(固)，Na_2SO_3(固)；$NaBiO_3$(固)；$(NH_4)_2Fe(SO_4)_2 \cdot 6H_2O$(固)；$CCl_4$；溴水；淀粉-KI 纸。

【实验步骤】

1. 氢氧化铬的生成和性质

在两支试管中均加入 10 滴 0.1mol/L $Cr_2(SO_4)_3$ 溶液，逐滴加入 2.0mol/L NaOH 溶液，观察灰蓝色 $Cr(OH)_3$ 沉淀的生成。然后在一支试管中继续滴加 NaOH 溶液，而在另一支试管中滴加 2.0mol/L 的 HCl 溶液，观察现象。写出化学反应方程式。

2. Cr(Ⅲ) 与 Cr(Ⅵ) 的相互转化

(1) 在试管中加入 1mL 0.1mol/L $Cr_2(SO_4)_3$ 溶液和过量的 2.0mol/L NaOH 溶液，使之成为 CrO_2^-（至生成的沉淀刚好溶解），再加入 5～8 滴 3% H_2O_2 溶液，在水浴中加热，观察黄色 CrO_4^{2-} 的生成。写出化学反应方程式。

(2) 在试管中加入 10 滴 0.1mol/L $K_2Cr_2O_7$ 溶液和 1mL 2.0mol/L H_2SO_4 溶液，然后滴加 3% H_2O_2 溶液，振荡，观察现象。写出化学方程式。

(3) 在试管中加入 10 滴 0.1mol/L $K_2Cr_2O_7$ 溶液和 1mL 2.0mol/L H_2SO_4 溶液，然后加入黄豆大小的 Na_2SO_3 固体，振荡，观察溶液颜色的变化。写出化学反应方程式。

(4) 在试管中加入 10 滴 0.1mol/L $K_2Cr_2O_7$ 溶液和 3～5mL 浓 HCl，微热，用湿润的淀粉-KI 试纸在试管口检验逸出的气体，观察试纸和溶液颜色的变化。写出化学反应方程式。

3. $Cr_2O_7^{2-}$ 与 CrO_4^{2-} 的相互转化

在试管中加入 1mL 0.1mol/L $K_2Cr_2O_7$ 溶液，逐滴加入 2.0mol/L NaOH 溶液，观察溶液由橙黄色变黄色，逐滴加入 2mol/L H_2SO_4 溶液，观察溶液由黄色转变为橙黄色。写出转化的平衡反应方程式。

4. 难溶铬酸盐的生成

取三支试管，分别加入 10 滴 0.1mol/L $AgNO_3$ 溶液、0.1mol/L $BaCl_2$ 溶液、0.1mol/L $Pb(NO_3)_2$ 溶液，然后均滴加 0.1mol/L K_2CrO_4 溶液，观察生成沉淀的颜色。写出化学反应方程式。

5. Mn(Ⅱ)盐与高锰酸盐的性质

(1) 取三支试管,均加入 10 滴 0.1mol/L $MnSO_4$ 溶液,再滴加 2.0mol/L NaOH 溶液,观察沉淀的颜色。写出化学反应方程式。然后,在第一支试管 2.0mol/L NaOH 溶液,观察沉淀是否溶解;在第二支试管中加入 2.0mol/L H_2SO_4 溶液,观察沉淀是否溶解;将第三支试管充分振荡后放置,观察沉淀颜色变化,写出化学反应方程式。

(2) 在试管中加入 2mL 3.0mol/L HNO_3 溶液和 1~2 滴 0.1mol/L $MnSO_4$ 溶液,然后加入绿豆大小的 $NaBiO_3$ 固体,微热,观察紫红色 MnO_4^- 的生成。写出化学反应方程式。

(3) 取三支试管,均加入 1mL 0.01mol/L $KMnO_4$ 溶液,再分别加入 2.0mol/L H_2SO_4 溶液、6.0mol/L NaOH 溶液及水各 1mL,然后均加入少量 Na_2SO_3 固体,振荡试管,观察反应现象,比较它们的产物。写出离子方程式。

6. Fe(Ⅱ)、Co(Ⅱ)、Ni(Ⅱ)化合物的还原性

(1) 取一支试管,加入 1~2mL H_2O 和 3~5 滴 2.0mol/L H_2SO_4 溶液,煮沸,驱除溶解氧,加入黄豆大小的 $(NH_4)_2Fe(SO_4)_2 \cdot 6H_2O$ 固体,振荡,使之溶解;另取一支试管,加入 1~2mL 2.0mol/L NaOH 溶液,煮沸,驱除溶解氧,迅速倒入第一支试管中,观察现象。然后振荡试管,放置片刻,观察沉淀颜色的变化。说明原因,写出化学反应方程式。

(2) 在试管中加入 1mL 0.01mol/L $KMnO_4$ 溶液,用 1mL 2.0mol/L H_2SO_4 溶液酸化,然后加入黄豆大小的 $(NH_4)_2Fe(SO_4)_2 \cdot 6H_2O$ 固体,振荡,观察 $KMnO_4$ 溶液颜色的变化。写出化学反应方程式。

(3) 在试管中加入 2mL 0.1mol/L $CoCl_2$ 溶液,滴加 2.0mol/L NaOH 溶液,观察粉红色沉淀的产生,振荡试管或微热,观察沉淀颜色的变化。写出化学反应方程式。

(4) 在试管中加入 2mL 0.1mol/L $NiSO_4$ 溶液,滴加 2.0mol/L NaOH 溶液,观察绿色沉淀的产生,写出化学方程式。放置,再观察沉淀颜色是否发生变化。

通过上述实验,比较 Fe(Ⅱ)、Co(Ⅱ)、Ni(Ⅱ)的还原性。

7. Fe(Ⅲ)、Co(Ⅲ)、Ni(Ⅲ)化合物的氧化性

(1) 在试管中加入 1mL 0.1mol/L $FeCl_3$ 溶液,滴加 2.0mol/L NaOH 溶液,在生成的 $Fe(OH)_3$ 沉淀上滴加浓 HCl,观察是否有气体产生,写出有关的化学反应方程式。

(2) 在试管中加入 1mL 0.1mol/L $FeCl_3$ 溶液,滴加 0.1mol/L KI 溶液至红棕色。加入 5 滴左右的 CCl_4,振荡,观察 CCl_4 层的颜色。写出化学反应方程式。

(3) 在试管中加入 1mL 0.1mol/L $CoCl_2$ 溶液,滴加 5~10 滴溴水后,再滴加 2mol/L NaOH 溶液至棕色 $Co(OH)_3$ 沉淀产生。将沉淀加热后静置,吸去上层清液并以少量水洗涤沉淀,然后在沉淀上滴加 5 滴浓 HCl,加热。以湿润的淀粉-KI 试纸检验放出的气体。化学反应方程式为:

$$2CoCl_2 + Br_2 + 6NaOH \longrightarrow 2Co(OH)_3 \downarrow + 2NaBr + 4NaCl$$

$$2Co(OH)_3 + 6HCl \longrightarrow 2CoCl_2 + Cl_2 \uparrow + 6H_2O$$

(4) 以 $NiSO_4$ 代替 $CoCl_2$,重复实验内容 7(3) 的操作。写出有关的化学应方程式。

8. 铁的配合物

(1) 在试管中加入 1mL 0.1mol/L $K_4[Fe(CN)_6]$ 溶液,滴加 0.1mol/L $FeCl_3$ 溶液,观察蓝色沉淀的产生。写出化学反应方程式(该反应用于 Fe^{3+} 的鉴定)。

(2) 在试管中加入 1mL 0.1mol/L $FeCl_3$ 溶液,滴加 0.1mol/L KSCN 溶液,观察现象,

写出反应的离子方程式（该反应用于 Fe^{3+} 的鉴定）。

(3) 在试管中加入 1mL 0.1mol/L $K_3[Fe(CN)_6]$ 溶液，滴加新配制的 0.1mol/L $FeSO_4$ 溶液，观察蓝色沉淀的产生。写出化学反应方程式（该反应用于 Fe^{2+} 的鉴定）。

【思考题】

1. 如何实现 Cr(Ⅲ) 和 Cr(Ⅵ) 的相互转化？
2. $KMnO_4$ 的还原产物与介质有什么关系？
3. 由实验总结 Fe(Ⅱ)、Co(Ⅱ)、Ni(Ⅱ) 化合物的还原性和 Fe(Ⅲ)、Co(Ⅲ)、Ni(Ⅲ) 化合物的氧化性强弱顺序。
4. 如何检验 Cr^{3+}、Mn^{2+}、Fe^{3+} 和 Fe^{2+}？

实验 4　化学反应速率和化学平衡

【实验目的】

1. 掌握浓度、温度、催化剂对化学反应速率的影响。
2. 掌握浓度、温度对化学平衡移动的影响。
3. 练习在水浴中进行恒温操作。

【仪器试剂】

1. 仪器　秒表；温度计；量筒；烧杯。
2. 试剂　MnO_2（固）；KBr（固）；H_2SO_4（3mol/L）；$H_2C_2O_4$（0.05mol/L）；KIO_3（0.05mol/L）；$NaHSO_3$（0.05mol/L，带有淀粉）；$KMnO_4$（0.01mol/L）；$MnSO_4$（0.1mol/L）；$FeCl_3$（0.1mol/L）；NH_4SCN（0.1mol/L）；$CuSO_4$（1mol/L）；KBr（2mol/L）；H_2O_2（3%）；碎冰。

【实验步骤】

1. 浓度对化学反应速率的影响

用量筒量取 10mL 0.05mol/L $NaHSO_3$ 溶液和 35mL 蒸馏水，倒入 100mL 小烧杯中，搅拌均匀，用另一只量筒量取 5mL 0.05mol/L KIO_3 溶液，将量筒中的 KIO_3 溶液迅速倒入盛有 $NaHSO_3$ 溶液的烧杯中，立刻用秒表计时，搅拌溶液，记录溶液变蓝的时间，填入表 3-1 中，用同样的方法进行实验。根据表 3-1 中的实验数据，以 $c(KIO_3)$ 为横坐标，$1/t$ 为纵坐标，绘制曲线。

表 3-1　浓度对化学反应速率

实验编号	$V(NaHSO_3)$/mL	$V(H_2O)$/mL	$V(KIO_3)$/mL	变蓝时间/s	$1/t/s^{-1}$	$c(KIO_3)$
1						
2						
3						
4						
5						

2. 温度对化学反应速率的影响

在 1 只 100mL 的小烧杯中，混合 10mL $NaHSO_3$ 溶液和 35mL 蒸馏水，在试管中加入

5mL KIO_3 溶液,将小烧杯和试管同时放在水浴中,加热比室温高出大约 10℃,恒温大约 3min,将 KIO_3 溶液倒入 $NaHSO_3$ 溶液中,立即计时,搅拌溶液,记录溶液变为蓝色的时间,填入表 3-2。

表 3-2 温度对化学反应速率的影响

实验编号	$V(NaHSO_3)$/mL	$V(H_2O)$/mL	$V(KIO_3)$/mL	实验温度/℃	变蓝时间/s
1					
2					
3					
4					
5					

如果在室温 30℃ 以上做本实验时,用冰浴代替热水浴,温度比室温低 10℃ 左右,根据实验结果,说明温度对反应速率的影响。

3. 催化剂对反应速率的影响

(1) 在试管中加入 3mol/L H_2SO_4 溶液 1mL、0.1mol/L $MnSO_4$ 溶液 10 滴、0.05mol/L $H_2C_2O_4$ 溶液 3mL;在另一支试管中加入 3mol/L H_2SO_4 溶液 1mL、蒸馏水 10 滴、0.05mol/L $H_2C_2O_4$ 溶液 3mL。然后向 2 支试管中各加入 0.01mol/L $KMnO_4$ 溶液 3 滴,摇匀,观察 2 支试管中紫红色退去的时间。

(2) 在试管中加入 H_2O_2(3%)溶液 1mL,观察是否有气泡产生,然后向试管中加入少量 MnO_2 粉末,观察是否有气泡放出。

4. 浓度对化学平衡的影响

(1) 在小烧杯中加入 10mL 蒸馏水,然后加入 $FeCl_3$ 0.1mol/L 和 0.1mol/L NH_4SCN 各 2 滴,得到浅红色溶液,即发生如下反应:

$$Fe^{3+} + nSCN^- \longrightarrow [Fe(SCN)_n]^{3-n} \quad n=1\sim 6$$

将所得溶液等分于 2 支试管中,在第一支试管中逐滴加入 0.1mol/L $FeCl_3$ 溶液,观察颜色的变化,并将其与第二支试管中的颜色比较,说明浓度对化学平衡的影响。

(2) 在 3 支试管中分别加入 1mol/L $CuSO_4$ 10 滴、5 滴和 5 滴,在第二支和第三支试管中各加入 2mol/L KBr 各 5 滴,在第三支试管中加入少量固体 KBr,比较 3 支试管中溶液颜色的变化。

5. 温度对化学平衡的影响

在试管中加入 1mol/L $CuSO_4$ 1mL 和 2mol/L KBr 1mL,混合均匀,分装在 3 支试管中,将第一支试管加热到近沸,第二支试管中放入冰水槽中,第三支试管中保持室温,比较试管中溶液的颜色。

【思考题】

1. 影响化学反应速率的因素有哪些?
2. 温度和浓度对化学平衡是怎样影响的?
3. 根据实验说明浓度、温度和催化剂对化学反应速率的影响。
4. 化学平衡在什么情况下发生移动?如何判断平衡移动的方向?

实验 5　分析天平的称量操作

【实验目的】

1. 了解半自动电光分析天平的构造。
2. 学会半自动电光分析天平的使用方法。
3. 掌握称量方法的一般程序。
4. 养成正确、及时、简明记录实验原始数据的习惯。

【仪器试剂】

1. 仪器　托盘天平；半自动电光分析天平；称量瓶；表面皿；角匙；小烧杯；瓷坩埚。
2. 试剂　NaCl 固体粉末。

【实验步骤】

1. 观察自动电光分析天平的构造。
2. 练习天平水平的调节。
3. 开启、关闭天平练习。
4. 练习天平零点的调节。
5. 直接法称量练习：称量表面皿、小烧杯、称量瓶、瓷坩埚的质量并记录。

物　品	表面皿	小烧杯	称量瓶	瓷坩埚
质量/g				
称量后天平零点(格)				

6. 固定质量称量练习：向小烧杯内加入 0.2648g NaCl，反复练习 3～4 次。

记录项目	1	2	3	4
空小烧杯质量/g				
小烧杯+样品质量/g				
样品质量/g				
称量后天平零点/格				

7. 减量称量法练习：用减量称量法称量 0.4～0.5g NaCl，反复练习。

记录项目	第一份	第二份
敲样前称量瓶加样品的质量/g		
敲样后称量瓶+样品质量/g		
敲出的样品质量/g		
称量后天平零点/格		

【注意事项】

1. 称量时所有器皿都要用纸带套取，不得用手直接接触。
2. 不准在天平开启状态加减砝码。
3. 开启关闭天平时动作要缓慢。

4. 被称量物应放在天平盘中央，被称量物质的质量不能超过天平的最大载荷。

5. 读数时应关闭天平门。

6. 称量结束后，应立即记录称量结果。关闭天平，取出被称量物质，并将指数盘归零。

【思考题】

1. 在天平盘上放物体或加减砝码时为何要先关闭天平？
2. 若天平指针向右偏移，称量物比砝码重还是轻？

实验6　电子天平称量练习

【实验目的】

1. 掌握电子天平的使用方法。
2. 复习巩固称量方法。

【仪器试剂】

1. 仪器　电子天平；称量瓶；表面皿；坩埚；托盘天平；50mL 小烧杯。
2. 试剂　无水 Na_2CO_3 固体粉末。

【实验步骤】

1. 用减量称量法称取三份无水 Na_2CO_3 试样，每份 0.3~0.4g。

（1）先将电子天平开机预热。

（2）在称量瓶中装入 1.0~1.2g 的无水 Na_2CO_3 试样。

（3）在电子天平上称出总质量。

（4）取出称量瓶，按减量称量法轻移试样 0.3~0.4g 于锥形瓶中，并准确称出称量瓶和剩余试样的质量。

（5）继续按减量称量法称取第二、第三份样品。

（6）数据记录和处理

接受器编号	1	2	3	4
称量瓶与试样质量/g				
倾出试样后称量瓶与试样质量/g				
试样质量/g				

2. 用增量称量法称取试样。

（1）先称出接受器（表面皿、小烧杯等）的质量 m_1。

（2）按去皮键"T"，屏幕显示"0.0000g"。

（3）用牛角匙将试样轻轻抖入接受器中，至屏幕读数为 0.3~0.4g 之间，停止加样，待屏幕显示稳定后读取质量 m_2。

（4）关上电子天平。

（5）数据记录和处理

接受器质量 m_1/g	
试样质量 m_2/g	

【思考题】
1. 电子天平有几类？怎样操作？
2. 电子天平与分析天平的称量方法有何异同？
3. 使用天平前要对天平进行哪些检查？
4. 在什么情况下应该使用固定质量称量法？

实验 7　滴定仪器和滴定分析操作训练

【实验目的】
1. 掌握滴定管、容量瓶、移液管的使用方法。
2. 掌握滴定操作。
3. 复习巩固溶液稀释的方法。

【仪器试剂】
1. 仪器　锥形瓶（250mL）；酸式滴定管（50mL）；碱式滴定管（50mL）；容量瓶（250mL）；移液管；玻璃棒；量筒等。
2. 试剂　凡士林；NaOH 溶液（2mol/L）；盐酸溶液（2mol/L）；甲基橙指示剂（2g/L）；酚酞指示剂的乙醇溶液（2g/L）。

【实验步骤】
1. 滴定管的使用
（1）检查　取 50mL 酸式滴定管、50mL 碱式滴定管各一支，检查酸式滴定管的旋塞与旋塞槽是否匹配；碱式滴定管下端橡胶管粗细、长度、玻璃球大小是否合适。
（2）涂凡士林　给酸式滴定管的旋塞及旋塞槽涂凡士林，并将旋塞安装好，用橡皮套把旋塞与滴定管套好。把玻璃球装入橡胶管，并安装在碱式滴定管下端。
（3）检漏　向滴定管里注满水，固定在滴定管架上，检查是否漏水，不漏水时可使用。
（4）洗涤。
（5）润洗　用水练习滴定管的润洗方法。
（6）加液、排气泡、调零　向滴定管内加水至零刻度以上后，再将液面调整至零刻度。注意尖嘴部分若有气泡，要将气泡排净。
（7）滴定操作　练习滴一滴、半滴的操作及摇动锥形瓶内液体的方法。
（8）读数练习。
2. 容量瓶的使用
（1）检漏　向容量瓶内装入水并检查是否漏水。
（2）转移溶液　将烧杯中的少量水用玻璃棒转移至容量瓶中。
（3）定容　向容量瓶中内加水至接近零刻度线 1~2cm 处改用胶头滴管加至零刻度线。
（4）摇匀　练习摇匀容量瓶内的液体。
3. 移液管的使用
取几支不同规格的移液管、吸量管观察其结构，练习洗涤、润洗、吸取溶液、调整液面、放出液体的方法。
4. 溶液的稀释

用移液管移取 25mL 2mol/L NaOH 溶液，置于 250mL 容量瓶中，加蒸馏水稀释至刻线。用同样的方法稀释 2mol/L 盐酸溶液。

5. 氢氧化钠滴定盐酸

取 50mL 碱式滴定管，用稀释后的 NaOH 溶液润洗 3 次，然后装入 NaOH 溶液，赶走气泡，将液面调至"0"刻度。另取 250mL 锥形瓶；用移液管（或酸式滴定管）移取 25mL 稀释后的盐酸置于锥形瓶中，加 2 滴酚酞指示剂，用 NaOH 溶液滴定至溶液呈微红色，0.5min 内不褪色，即为滴定终点，记录消耗 NaOH 溶液的体积。平行滴定三次，所用 NaOH 溶液的体积差值应不超过±0.02mL。

6. 盐酸滴定氢氧化钠

取 50mL 酸式滴定管，用稀释后的盐酸溶液润洗 3 次，然后装入盐酸溶液，赶走气泡，将液面调至"0"刻度。另取 250mL 锥形瓶；用移液管（或碱式滴定管）移取 25mL 稀释后的 NaOH 溶液置于锥形瓶中，加 1~2 滴甲基橙指示剂，用盐酸溶液滴定至溶液由黄色变为橙色，即为滴定终点，记录消耗盐酸溶液的体积。平行滴定三次，所用 NaOH 溶液的体积差值应不超过±0.02mL。

【注意事项】
1. 进行滴定操作时，滴定管下端要深入锥形瓶中 1cm 左右。
2. 注意滴定时，手控制旋塞及橡胶管的方法。
3. 用移液管吸取液体时，不要用大拇指按住管口。

【思考题】
1. 盛放待滴定溶液的锥形瓶是否需要用待装溶液润洗？
2. 滴定分析中滴定管、移液管为什么要润洗？
3. 使用移液管时，移液管进入液体部分不能太深也不能太浅为什么？
4. 每次滴定前为什么将滴定管中液面调至"0"刻度？

实验 8　一般溶液的配制

【实验目的】
1. 学会配制一定物质的量浓度溶液时，所需溶质及浓溶液的计算方法。
2. 掌握一般溶液配制的方法及注意事项。
3. 复习巩固固体试剂、液体试剂的取用方法及分析天平的使用方法。

【仪器试剂】
1. 仪器　台秤；分析天平；烧杯（250mL）；容量瓶（250mL）；细口瓶（250mL）；量筒（10mL）。
2. 试剂　重铬酸钾；浓盐酸。

【实验步骤】
1. 配制 250mL 0.1mol/L 重铬酸钾溶液
（1）计算　计算配制该溶液所需重铬酸钾固体的质量。
（2）称量　用分析天平称出所需重铬酸钾。
（3）溶解　向烧杯中加少量水，将重铬酸钾溶解。

(4) 转移定容　将溶液转移至 250mL 容量瓶中。洗涤烧杯和玻璃棒，洗涤液也转入容量瓶。定容、摇匀后置于 250mL 试剂瓶中贴标签保存。

2. 粗略配制 250mL 2mol/L 盐酸溶液

(1) 计算　计算配制该溶液需浓盐酸的体积（浓盐酸密度为 $1.19g/cm^3$，质量分数为 36.5%）。

(2) 称量　用量筒量取所需体积的浓盐酸。

(3) 溶解　在烧杯中加入少量蒸馏水，再将量取的浓盐酸倒入烧杯中，用蒸馏水冲洗量筒，冲洗液也倒入烧杯中，用玻璃片盖住烧杯口，轻轻摇动烧杯，待冷却后加蒸馏水稀释至 250mL，转移至细口瓶中储存。

【注意事项】
量取浓盐酸时要注意不要溅到衣物上，以免造成损伤。

【思考题】
1. 容量瓶洗涤后，残留少量蒸馏水是否会对所配制溶液的浓度造成影响？
2. 简述一般溶液的配制步骤。

实验 9　氢氧化钠标准溶液的制备及食醋中总酸量的测定

【实验目的】
1. 掌握氢氧化钠标准溶液的配制方法。
2. 掌握氢氧化钠标准溶液标定的原理及方法。
3. 学会食醋中总酸量的测定方法。
4. 复习巩固溶液配制及滴定管、吸量管的使用方法及滴定操作技术。

【仪器试剂】
1. 仪器　托盘天平；分析天平；锥形瓶（250mL）；碱式滴定管（50mL）；聚乙烯塑料瓶（500mL）；吸量管（5mL）；烧杯（100mL，250mL）；量筒等。
2. 试剂　氢氧化钠；邻苯二甲酸氢钾（$KHC_8H_4O_4$）基准物；酚酞指示剂（10g/L 的乙醇溶液）；食醋样品。

【实验步骤】
1. 氢氧化钠标准溶液的配制与标定

(1) 0.1mol/L 氢氧化钠标准溶液的配制　在托盘天平上迅速称取 2.2～2.5g NaOH 于小烧杯中，用少量蒸馏水迅速洗去表面可能含有的 Na_2CO_3。加 30mL 加热煮沸并冷却的蒸馏水溶解，释至 500mL 混匀，保存在聚乙烯塑料瓶中，用橡胶塞盖好，贴上标签，待标定。

(2) 0.1mol/L 氢氧化钠标准溶液的标定　将 $KHC_8H_4O_4$ 在 105～110℃ 干燥至恒重。准确称取 $KHC_8H_4O_4$ 0.4～0.5g，称量三份，分别置于 250mL 锥形瓶中，用 50mL 加热煮沸并冷却的蒸馏水溶解（如没有完全溶解，可微微加热），加 2 滴酚酞指示剂，用 NaOH 标准溶液滴定，至溶液呈现微红色，0.5min 内不褪色，即为终点。记录消耗 NaOH 溶液的体积。平行滴定三次。用 50mL 的蒸馏水按上法做空白实验，记录消耗的体积 V_0。

2. 食醋中总酸量的测定
准确移取澄清试样 1mL，至预先装有 50mL 新煮沸、冷却蒸馏水的 250mL 锥形瓶中，加 2 滴酚酞指示剂，用 NaOH 标准溶液进行滴定，至溶液呈浅粉红色，0.5min 内不褪色，即为终点。平行滴定 3 次。

3. 数据处理

（1）氢氧化钠标准溶液的配制与标定　根据 $KHC_8H_4O_4$ 的质量和消耗 NaOH 标准溶液的体积，根据式(3-1)计算氢氧化钠标准溶液的浓度，并求出平均值。

$$c(NaOH) = \frac{m(KHC_8H_4O_4)}{M(KHC_8H_4O_4) \times \frac{V(NaOH) - V_0}{1000}} \quad (3-1)$$

式中　$c(NaOH)$——NaOH 标准溶液的浓度，mol/L；
$\quad\quad V(NaOH)$——消耗 NaOH 标准溶液的体积，mL；
$\quad\quad V_0$——空白试验消耗 NaOH 溶液体积，mL；
$\quad\quad m(KHC_8H_4O_4)$——称取 $KHC_8H_4O_4$ 基准物的质量，g；
$\quad\quad M(KHC_8H_4O_4)$——$KHC_8H_4O_4$ 的摩尔质量，204.22g/mol。

（2）食醋中总酸量的测定　根据消耗 NaOH 标准溶液的体积、试样体积根据式(3-2)计算水样中乙酸的含量。

$$\rho_{试样} = \frac{c(NaOH) \times V(NaOH) \times M(CH_3COOH)}{V_{试样}} \quad (3-2)$$

式中　$\rho_{试样}$——食醋中总酸量，g/mL；
$\quad\quad c(NaOH)$——NaOH 标准溶液的浓度，mol/L；
$\quad\quad V(NaOH)$——消耗 NaOH 标准溶液的体积，mL；
$\quad\quad M(CH_3COOH)$——CH_3COOH 的摩尔质量，60.05g/mol；
$\quad\quad V_{试样}$——试样的体积，本实验为 1mL。

【注意事项】
1. NaOH 应在小烧杯中称量。
2. 保存氢氧化钠的试剂瓶应用橡胶塞。

【思考题】
1. 以 $KHC_8H_4O_4$ 标定 NaOH 溶液，可否选择甲基橙作指示剂？为什么？
2. 实验中为什么要用新煮沸并冷却的蒸馏水？

实验 10　盐酸标准溶液的制备及混合碱的测定

【实验目的】
1. 掌握盐酸标准溶液的配制方法。
2. 掌握盐酸标准溶液标定的原理及方法。
3. 复习巩固溶液配制及滴定管、容量瓶、移液管的使用方法和滴定操作技术。

【仪器试剂】
1. 仪器　托盘天平；分析天平；锥形瓶（250mL）；酸式滴定管（50mL）；细口瓶（500mL）；烧杯（250mL）；移液管（25mL）；容量瓶（250mL）；量筒等。
2. 试剂　浓盐酸（12mol/L）；Na_2CO_3 基准物；1 份 2g/L 甲基红乙醇指示液和 3 份 1g/L 溴甲酚绿乙醇溶液混合；甲基橙指示剂（10g/L 水溶液）；酚酞指示剂（10g/L 乙醇溶

液);混合碱样品。

【实验步骤】

1. 盐酸标准溶液的配制与标定

(1) 0.1mol/L 盐酸标准溶液的配制　用洁净的量筒量取 4.5mL 浓盐酸（37%；$\rho=1.19$g/mL），加水稀释至 500mL，混匀，保存在细口瓶中，待标定。

(2) 0.1mol/L 盐酸标准溶液的标定　将 Na_2CO_3 在 270~300℃干燥 1h。准确称取无水 Na_2CO_3 0.15~0.2g，称量三份，分别置于 250mL 锥形瓶中，用 50mL 水使其溶解，加入 10 滴溴甲酚绿-甲基红混合指示液，滴定至溶液由绿色经灰紫色变为暗红色时，加热煮沸 2min 以除去 CO_2，冷却后继续用盐酸标准溶液滴至暗红色为终点。记录消耗盐酸标准溶液的体积，同时作空白试验。

2. 混合碱的分析

准确称取 1.3~1.5g 混合碱，置于 250mL 烧杯中，加少量新煮沸冷却的蒸馏水溶解，然后转移至 250mL 容量瓶中，加煮沸并冷却的蒸馏水稀释至刻度，摇匀。用移液管移取混合碱 25mL 至 250mL 锥形瓶中，加 2 滴酚酞指示剂，用 0.1mol/L 盐酸标准溶液滴定，至溶液由红色变为无色，记录消耗 HCl 标准溶液的体积，用 V_1 表示。再加入 2 滴甲基橙指示剂，用 0.1mol/L 盐酸标准溶液继续滴定，至溶液由黄色变为橙色，记录消耗 HCl 标准溶液的体积，用 V_2 表示。平行滴定 3 次。

3. 数据处理

(1) 盐酸标准溶液的配制与标定　根据 Na_2CO_3 的质量和消耗盐酸标准溶液的体积，由式(3-3)计算盐酸标准溶液的浓度，并求出平均值。

$$c(HCl)=\frac{2\times m(Na_2CO_3)}{M(Na_2CO_3)\times \dfrac{V(HCl)-V_0}{1000}} \tag{3-3}$$

式中　$c(HCl)$——HCl 标准溶液的浓度，mol/L；

　　　$V(HCl)$——消耗 HCl 标准溶液的体积，mL；

　　　V_0——空白试验消耗 HCl 标准溶液的体积，mL；

　　$m(Na_2CO_3)$——称取 Na_2CO_3 基准物的质量，g；

　　$M(Na_2CO_3)$——Na_2CO_3 的摩尔质量，105.99g/mol。

(2) 混合碱的分析　根据混合碱的质量和 V_1、V_2，由式(3-4)、式(3-5)计算样品中 NaOH 和 Na_2CO_3 的质量分数，并求出平均值。

$$w(NaOH)=\frac{c(HCl)\times \dfrac{V_1-V_2}{1000}\times M(NaOH)\times 10}{m_{试样}} \tag{3-4}$$

式中　$w(NaOH)$——混合碱中 NaOH 的质量分数；

　　　$c(HCl)$——HCl 标准溶液的浓度，mol/L；

　　　V_1——第一滴定终点消耗 HCl 标准溶液的体积，mL；

　　　V_2——第二滴定终点消耗 HCl 标准溶液的体积，mL；

　　　$m_{试样}$——称取混合碱的质量，g；

　　　$M(NaOH)$——NaOH 的摩尔质量，40g/mol。

$$w(\mathrm{Na_2CO_3}) = \frac{c(\mathrm{HCl}) \times \dfrac{V_2}{1000} \times M(\mathrm{Na_2CO_3}) \times 10}{m_{\text{试样}}} \times 100\% \tag{3-5}$$

式中 $w(\mathrm{Na_2CO_3})$——混合碱中 $\mathrm{Na_2CO_3}$ 的质量分数；

$c(\mathrm{HCl})$——HCl 标准溶液的浓度，mol/L；

V_2——第二滴定终点消耗 HCl 标准溶液的体积，mL；

$m_{\text{试样}}$——称取混合碱的质量，g；

$M(\mathrm{Na_2CO_3})$——$\mathrm{Na_2CO_3}$ 的摩尔质量，105.99g/mol。

【注意事项】

1. 若混合碱为固体试样，会有混合不均匀的现象，配制成溶液较好；若为液体试样可直接测定。

2. 混合碱的分析时，第一滴定终点不应有 CO_2 生成。

【思考题】

1. 配制盐酸标准溶液时，所需浓盐酸的体积是如何计算的？

2. 无水 $\mathrm{Na_2CO_3}$ 不干燥，会对标定结果有何影响？

实验 11　硝酸银标准溶液的制备和自来水中氯含量的测定

【实验目的】

1. 掌握硝酸银标准溶液的配制方法及标定原理。

2. 了解用 $\mathrm{K_2CrO_4}$ 作指示剂测定氯离子的原理，掌握其方法。

3. 复习巩固溶液配制及滴定操作。

【仪器试剂】

1. 仪器　托盘天平；分析天平；锥形瓶（250mL）；棕色酸式滴定管（50mL）；棕色细口瓶（500mL）；移液管（10mL）；棕色容量瓶（50mL）；量筒等。

2. 试剂　$\mathrm{AgNO_3}$ 固体；NaCl 固体；$\mathrm{K_2CrO_4}$ 5%（50g/L），称取 5g $\mathrm{K_2Cr_2O_4}$，溶于少量水中，滴加 $\mathrm{AgNO_3}$ 溶液至红色不褪，混匀。放置过夜后过滤，将滤液稀释至 100mL；蒸馏水（不含 Cl^-）。

【实验步骤】

1. 硝酸银标准溶液的配制与标定

（1）0.1mol/L $\mathrm{AgNO_3}$ 标准溶液的配制　在台秤上称取 8.5g $\mathrm{AgNO_3}$，溶于 500mL 不含 Cl^- 的水中，将溶液转入棕色细口瓶中，在阴暗处保存，待标定。

（2）0.1mol/L $\mathrm{AgNO_3}$ 标准溶液的标定　准确称取在 500~600℃ 灼烧至恒重的 NaCl 基准物 0.12~0.15g，称量三份，分别置于 250mL 锥形瓶中，加 50mL 蒸馏水（不含 Cl^-）使之溶解，加 1mL 5% $\mathrm{K_2CrO_4}$，在不断用力摇动下用 $\mathrm{AgNO_3}$ 标准溶液进行滴定（将其置于棕色酸式滴定管中），至白色沉淀中出现砖红色，即为终点，记录消耗 $\mathrm{AgNO_3}$ 标准溶液的体积。平行滴定 3 次。

2. 水中氯化物的测定

用移液管移取 10mL $\mathrm{AgNO_3}$ 标准溶液至 50mL 棕色容量瓶内，加水稀释至刻线，待用。

用移液管移取自来水样 50mL 于 250mL 锥形瓶中加 1mL 5‰ K_2CrO_4，在不断用力摇动下用稀释过的 $AgNO_3$ 标准溶液进行滴定，至白色沉淀中出现砖红色，即为终点。平行滴定 3 次。

3. 数据处理

(1) 硝酸银标准溶液的配制与标定　根据 NaCl 的质量和消耗 $AgNO_3$ 标准溶液的体积，根据式(3-6) 计算 $AgNO_3$ 标准溶液的浓度，并求出平均值。

$$c(AgNO_3) = \frac{\frac{m(NaCl)}{M(NaCl)}}{\frac{V(AgNO_3)}{1000}} \tag{3-6}$$

式中　$c(AgNO_3)$——$AgNO_3$ 标准溶液的浓度，mol/L；

$V(AgNO_3)$——消耗 $AgNO_3$ 标准溶液的体积，mL；

$m(NaCl)$——称取 NaCl 基准物的质量，g；

$M(NaCl)$——NaCl 的摩尔质量，58.44g/mol。

(2) 水中氯化物的测定　水样中氯的含量根据式(3-7) 计算，并求出平均值。

$$\rho(Cl^-) = \frac{\frac{1}{5}c(AgNO_3) \times V(AgNO_3) \times M(Cl^-) \times 1000}{\frac{V_{水样}}{1000}} \tag{3-7}$$

式中　$\rho(Cl^-)$——为水样中氯的含量，mg/L；

$c(AgNO_3)$——$AgNO_3$ 标准溶液的浓度，mol/L；

$V(AgNO_3)$——消耗 $AgNO_3$ 标准溶液的体积，mL；

$M(Cl^-)$——Cl^- 的摩尔质量，35.5g/mol；

$V_{水样}$——水样的体积，本实验为 50mL。

【注意事项】

1. 配制 $AgNO_3$ 标准溶液所用的蒸馏水应无 Cl^-。
2. 标定 $AgNO_3$ 标准溶液时，滴定过程中应不断用力振摇锥形瓶，方可得到准确的滴定终点。
3. 指示剂 K_2CrO_4 的用量对测定结果有影响，必须定量加入。
4. 准确分析时需做空白实验。

【思考题】

1. 滴定过程中为什么要充分振摇？
2. 配制 $AgNO_3$ 标准溶液用的仪器用自来水洗涤后，不用蒸馏水清洗就直接用来配制 $AgNO_3$ 溶液是否可以？为什么？
3. 所配制的 $AgNO_3$ 溶液应放在何容器中保存？为什么？
4. 指示剂 K_2CrO_4 的浓度太大或太小会对测定结果有何影响？

实验 12　氧化还原反应与电化学

【实验目的】

1. 掌握几种重要氧化剂、还原剂的氧化还原性质。

2. 掌握电极电势、反应介质的酸度、反应物浓度、沉淀平衡、配位平衡等对氧化还原反应的影响。

3. 掌握原电池、电解池装置及其作用原理。

【仪器试剂】

1. 仪器　量筒（100mL，10mL）；烧杯（100mL，250mL）；洗瓶；表面皿（7cm，9cm）；离心机；水浴锅；盐桥；电位差计（万用表）；导线；U形玻璃管；石墨电极；直流电源；Zn片；Cu片。

2. 试剂　H_2SO_4（3mol/L）；HNO_3（浓，2mol/L）；KI（0.1mol/L）；HCl（浓，2mol/L，6mol/L）；$FeCl_3$（0.1mol/L）；$FeSO_4$（0.1mol/L）；NaOH（6mol/L，1mol/L）；$SnCl_2$（0.2mol/L）；KBr（0.1mol/L）；$CuSO_4$（1mol/L，0.2mol/L）；H_2O_2（10%）；$KMnO_4$（0.1mol/L）；$K_2Cr_2O_7$（0.1mol/L）；Na_2SO_3（0.1mol/L）；$Na_2S_2O_3$（0.1mol/L，0.5mol/L）；H_2O_2（10%）；MnO_2（固体）；Na_3AsO_4（0.1mol/L）；$NaHCO_3$（固体）；NH_4F（饱和）；$ZnSO_4$（1mol/L）；$NH_3 \cdot H_2O$（浓）；饱和溴水；饱和碘水；饱和食盐水；CCl_4；Zn粒；酚酞（0.2%乙醇溶液）；淀粉-KI试纸；红色石蕊试纸；淀粉（1%）。

【实验步骤】

1. 几种常见氧化剂和还原剂的氧化还原性质

（1）Fe^{3+}的氧化性与Fe^{2+}的还原性　在试管中加入5滴0.1mol/L $FeCl_3$溶液，再逐滴加入0.2mol/L $SnCl_2$溶液，边滴边摇动试管，直到溶液黄色褪去。再向该无色溶液中滴加4~5滴10% H_2O_2，观察溶液颜色的变化。写出有关离子方程式。

（2）I^-的还原性与I_2的氧化性　在试管中加入2滴0.1mol/L KI溶液，再加入2滴3mol/L H_2SO_4及1mL蒸馏水，摇匀。再逐滴加入0.1mol/L $KMnO_4$溶液至溶液呈淡黄色。然后滴入0.1mol/L $Na_2S_2O_3$溶液，至黄色褪去。写出有关离子方程式。

（3）H_2O_2的氧化性和还原性

① H_2O_2的氧化性　在试管中加入2滴0.1mol/L KI溶液和3滴3mol/L H_2SO_4溶液，再加入2~3滴10% H_2O_2溶液，观察溶液颜色的变化。再加入15滴CCl_4，振荡，观察CCl_4层的颜色，并解释之。

② H_2O_2的还原性　在试管中加入5滴0.1mol/L $KMnO_4$溶液和5滴3mol/L H_2SO_4溶液，再逐滴加入10% H_2O_2，直至紫色褪去。观察是否有气泡产生，并写出离子方程式。

（4）$K_2Cr_2O_7$的氧化性　在试管中加入2滴0.1mol/L $K_2Cr_2O_7$溶液，再加入2滴3mol/L H_2SO_4溶液，然后加入0.1mol/L Na_2SO_3溶液，观察溶液颜色的变化。写出离子方程式。

2. 电极电势与氧化还原反应的关系

（1）在试管中加入10滴0.1mol/L KI溶液、5滴0.1mol/L $FeCl_3$溶液，混匀。再加入20滴CCl_4溶液，充分振荡后，静置片刻，观察CCl_4层的颜色。用0.1mol/L KBr代替0.1mol/L KI溶液，进行上述同样实验，观察现象。

（2）向试管中加入1滴饱和溴水、5滴0.1mol/L $FeSO_4$溶液，混匀。再加入1mL CCl_4溶液，振荡后观察CCl_4层的颜色。以饱和碘水代替溴水进行上述同样实验，观察现象。根据以上四个实验的结果，比较Br_2，Br^-；I_2，I^-及Fe^{3+}，Fe^{2+}三个电对的标准电极电势的高低，指出其最强的氧化剂和最强的还原剂，并说明电极电势与氧化还原反应方向的关系。

3. 介质的酸碱性对氧化还原反应的影响

(1) 取三支试管，分别加入 1 滴 0.1mol/L $KMnO_4$ 溶液。再在第一支试管中加入 4 滴 3mol/L H_2SO_4 溶液，第二支试管中加入 4 滴 6mol/L NaOH 溶液，第三支试管中加入 4 滴蒸馏水。然后在三支试管中各加入 4~5 滴 0.1mol/L Na_2SO_3 溶液，摇匀，观察各试管有何变化。给出结论，写出有关离子方程式。

(2) 在试管中加入 4 滴 0.1mol/L $K_2Cr_2O_7$ 溶液，再加入 1 滴 1mol/L NaOH 溶液，再加入 10 滴 0.1mol/L Na_2SO_3 溶液，观察溶液颜色变化，并说明原因。再继续加入 10 滴 3mol/L H_2SO_4 溶液，观察溶液颜色的变化，写出有关离子方程式。

(3) 在试管中加入 5 滴 0.1mol/L Na_3AsO_4 溶液、2 滴 0.1mol/L KI 溶液，混匀，微热。再加入 2 滴 6mol/L HCl、1 滴 1% 淀粉溶液，观察现象。然后加入少许 $NaHCO_3$ 固体，以调节溶液至微碱性，观察溶液颜色的变化。再加入 1 滴 6mol/L HCl，观察溶液颜色的变化，并加以解释。

4. 浓度对氧化还原反应的影响

(1) 取少量固体 MnO_2 于试管中，滴入 5 滴 2mol/L HCl 溶液，观察现象。用湿润的淀粉-KI 试纸检查是否有 Cl_2 产生。

以浓 HCl 代替 2mol/L HCl 进行试验，并检查是否有 Cl_2 产生。

(2) 向两支分别盛有 2mL 浓 HNO_3 和 2mL 2mol/L HNO_3 溶液的试管中各加入一小粒 Zn，观察现象，产物有何不同？浓 HNO_3 的还原产物可以从气体颜色来判断，稀 HNO_3 的还原产物可以用检验溶液中有无 NH_4^+ 的方法来确定。

NH_4^+ 的气室法检验：取一小块用水浸湿的红色石蕊试纸贴在 7cm 表面皿的凹心上，备用。在 9cm 表面皿的中心，滴加 5 滴待检液，再加 5~6 滴 6mol/L NaOH 溶液，摇匀，迅速用贴有湿润石蕊试纸的 7cm 表面皿扣上，构成气室。将此气室放在水浴上微热 2~3min，若石蕊试纸变蓝或边缘部分微显蓝色，即表示有 NH_4^+ 存在。

5. 沉淀对氧化还原反应的影响

在试管中加入 20 滴 0.2mol/L $CuSO_4$ 溶液、4 滴 3mol/L H_2SO_4 溶液，混匀。再加入 10 滴 0.1mol/L KI 溶液。然后逐滴加入 0.5mol/L $Na_2S_2O_3$ 溶液，以除去反应中生成的碘。离心分离后观察沉淀的颜色，并用 $\varphi^{\ominus}_{I_2/I^-}$、$\varphi^{\ominus}_{Cu^{2+}/Cu^+}$、$K^{\ominus}_{sp,CuI}$ 解释此现象。写出反应方程式。

6. 配合物的形成对氧化还原反应的影响

向试管中加入 10 滴 0.1mol/L $FeCl_3$ 溶液，再逐滴加入饱和 NH_4F 溶液至溶液恰为无色。然后滴入 10 滴 0.1mol/L KI 溶液及 5 滴 CCl_4，充分振荡，静置片刻，观察 CCl_4 层的颜色。与上述 2(1) 实验结果比较，并解释之。

7. 原电池

(1) 在两个 100mL 烧杯中分别加入 50mL 1mol/L $CuSO_4$ 和 50mL 1mol/L $ZnSO_4$ 溶液，再分别插入 Cu 片和 Zn 片，组成两个电极。两烧杯用盐桥连接，并将 Zn 片和 Cu 片通过导线分别与伏特计的负极和正极相连接，测量两极间的电势差。

(2) 在 $CuSO_4$ 溶液中加入浓 $NH_3 \cdot H_2O$ 至生成的沉淀溶解，此时 Cu^{2+} 与 NH_3 配合：$Cu^{2+} + 4NH_3 \rightleftharpoons [Cu(NH_3)_4]^{2+}$（深蓝色），测量此时两极间的电势差。有何变化？

(3) 在 $ZnSO_4$ 溶液中加入浓 $NH_3 \cdot H_2O$ 至生成的沉淀全部溶解。此时，Zn^{2+} 与 NH_3 配合：$Zn^{2+} + 4NH_3 \rightleftharpoons [Zn(NH_3)_4]^{2+}$（无色），测量电势差，观察又有何变化？

以上结果说明了什么？（提示：由于配合物的形成，Cu^{2+}、Zn^{2+} 浓度大大降低）

8. 电解

在 U 形玻璃管中加入饱和食盐水，用石墨作电极，分别与直流电源的正极和负极相接。在阳极附近的液面滴加 1 滴 1% 淀粉和 1 滴 0.1mol/L KI 溶液，阴极附近的液面滴加 1 滴酚酞试液。观察现象，并写出电极反应和电解总反应方程式。

【思考题】

1. Fe^{3+} 能将 Cu 氧化成 Cu^{2+}，而 Cu^{2+} 又能将 Fe 氧化成 Fe^{2+}，这两个反应是否矛盾？为什么？
2. H_2O_2 为什么既有氧化性又有还原性？反应后可生成何种产物？
3. 以 $KMnO_4$ 为例，说明 pH 对氧化还原反应产物的影响。
4. 说明 $K_2Cr_2O_7$ 和 K_2CrO_4 在溶液中的相互转化，比较它们的氧化能力。

实验 13　硫代硫酸钠标准溶液的配制与标定

【实验目的】

1. 掌握硫代硫酸钠标准溶液的配制和保存方法。
2. 了解标定硫代硫酸钠溶液的原理，掌握标定方法。
3. 复习巩固溶液配制及滴定操作。

【仪器试剂】

1. 仪器　托盘天平；分析天平；容量瓶（500mL）；锥形瓶（250mL）；碱式滴定管（50mL）；棕色试剂瓶（500mL）；量筒等。
2. 试剂　$Na_2S_2O_3 \cdot 5H_2O$（AR）；Na_2CO_3 固体；KI 固体；$K_2Cr_2O_7$ 基准物；HCl 溶液（6.0mol/L）；淀粉溶液（1%）；新煮沸冷却蒸馏水。

【实验步骤】

1. 0.1mol/L $Na_2S_2O_3$ 标准溶液的配制

将蒸馏水煮沸后冷却备用。称取 12.5g $Na_2S_2O_3 \cdot 5H_2O$，加上述蒸馏水溶解，再加入 0.1g Na_2CO_3，稀释至 500mL，保存于棕色试剂瓶中，在阴暗处放置 7~14d，待标定。

2. $Na_2S_2O_3$ 标准溶液的标定

(1) 称取三份 $K_2Cr_2O_7$ 基准物，每份质量在 0.13~0.15g，分别放于 250mL 锥形瓶中，加约 20mL 蒸馏水使之溶解。

(2) 向锥形瓶中加入 5mL 6.0mol/L HCl 溶液和 2g KI 固体，混匀后盖上表面皿，在暗处放置 3~5min，再加 50mL 蒸馏水。

(3) 将 $Na_2S_2O_3$ 标准溶液置于 50mL 碱式滴定管中进行滴定，至溶液呈浅黄色，加入 1mL 1% 淀粉溶液，继续滴定至溶液由蓝色变为亮绿色，即为终点。

(4) 平行滴定 3 次，记录基准物 $K_2Cr_2O_7$ 的质量及消耗 $Na_2S_2O_3$ 标准溶液的体积。

3. 数据处理

$Na_2S_2O_3$ 标准溶液的浓度根据式(3-8)计算，并求出平均值。

$$c(\mathrm{Na_2S_2O_3}) = \frac{6 \times m(\mathrm{K_2Cr_2O_7})}{M(\mathrm{K_2Cr_2O_7}) \times \dfrac{V(\mathrm{Na_2S_2O_3})}{1000}} \tag{3-8}$$

式中　$m(\mathrm{K_2Cr_2O_7})$——称取基准物 $\mathrm{K_2Cr_2O_7}$ 的质量，g；

$M(\mathrm{K_2Cr_2O_7})$——$\mathrm{K_2Cr_2O_7}$ 的摩尔质量，294.18g/mol；

$V(\mathrm{Na_2S_2O_3})$——消耗 $\mathrm{Na_2S_2O_3}$ 溶液的体积，mL；

$c(\mathrm{Na_2S_2O_3})$——消耗 $\mathrm{Na_2S_2O_3}$ 溶液的浓度，mol/L。

【注意事项】

1. 滴定结束后放置 5min 以上溶液又变为蓝色，是因为空气氧化 $\mathrm{I^-}$ 所引起的，不影响分析结果。

2. 若滴定至终点，溶液很快又变为蓝色，表明 $\mathrm{K_2Cr_2O_7}$ 与 $\mathrm{I^-}$ 没有完全反应，需重做。

3. 应用新煮沸冷却后的蒸馏水配制 $\mathrm{Na_2S_2O_3}$ 溶液，因其受水中溶解的 $\mathrm{CO_2}$ 作用而分解。

4. 淀粉溶液要在接近滴定终点时加入，否则 $\mathrm{I_2}$ 与淀粉结合，不易与 $\mathrm{Na_2S_2O_3}$ 反应。

【思考题】

1. 配制 $\mathrm{Na_2S_2O_3}$ 溶液时，为什么要用煮沸后冷却的蒸馏水，且需加少量 $\mathrm{Na_2CO_3}$？

2. 标定 $\mathrm{Na_2S_2O_3}$ 溶液时，淀粉溶液为什么要在邻近滴定终点才加入？

实验 14　碘标准溶液的配制和维生素 C 含量的测定

【实验目的】

1. 掌握碘标准溶液的配制方法及注意事项。
2. 了解标定碘标准溶液的原理，掌握标定方法。
3. 了解直接碘量法测定维生素 C 含量的原理，掌握其方法。
4. 复习巩固溶液配制及滴定操作。

【仪器试剂】

1. 仪器　托盘天平；锥形瓶（250mL）；研钵；酸式滴定管（50mL）；碱式滴定管（50mL）；棕色试剂瓶（500mL）；碘量瓶（250mL）；量筒等。

2. 试剂　维生素 C 药片；$\mathrm{I_2}$ 固体；KI 固体；$\mathrm{Na_2S_2O_3}$ 标准溶液（0.1mol/L）；浓盐酸；淀粉溶液（2%）；HAc 溶液（2mol/L）；新煮沸冷却蒸馏水。

【实验步骤】

1. 碘标准溶液的配制与标定

(1) 0.05mol/L 碘标准溶液的配制　由于 $\mathrm{I_2}$ 在水中溶解度很小，在配制 $\mathrm{I_2}$ 标准溶液的过程中可加入大量 KI 来增大 $\mathrm{I_2}$ 的溶解度。配制方法如下：称取 3.3g $\mathrm{I_2}$ 和 5g KI 置于研钵中加少量水，在通风橱中研磨。待 $\mathrm{I_2}$ 全部溶解后，转移至棕色试剂瓶中，加水稀释至 250mL，摇匀后，在阴暗处保存，待标定。

(2) 碘标准溶液的标定　用酸式滴定管取 25.00mL 碘标准溶液置于碘量瓶中，加 50mL 蒸馏水，加 1 滴浓盐酸（在少量盐酸存在下，KI 可与其中的 $\mathrm{KIO_3}$ 杂质作用生成 $\mathrm{I_2}$，消除 $\mathrm{KIO_3}$ 对滴定的影响）。用 0.1mol/L 硫代硫酸钠标准溶液进行滴定，至浅黄色，加入

1mL 2%淀粉溶液，继续滴定，至蓝色恰好消失即为终点。

2. 维生素C含量的测定

称取 0.2g 维生素 C 药片并用 $m_{样}$ 记录维生素 C 样品的质量，将其研成粉末，置于 250mL 锥形瓶中，加入 100mL 新煮沸并冷却的蒸馏水溶解，再加入 10mL 2mol/L HAc 和 5mL 2%淀粉溶液，立即用 I_2 标准溶液滴定至出现稳定的浅蓝色，30s 内不褪色，记录消耗 I_2 标准溶液的体积。

3. 碘标准溶液的配制与标定

根据式(3-9) 计算 I_2 标准溶液的浓度，并求出平均值。

$$c(I_2) = \frac{c(Na_2S_2O_3) \times \frac{V(Na_2S_2O_3)}{1000}}{2 \times V(I_2)} \quad (3-9)$$

式中　$c(I_2)$——I_2 标准溶液的浓度，mol/L；

　　　$V(I_2)$——I_2 标准溶液的体积，本实验为 25mL；

$V(Na_2S_2O_3)$——消耗 $Na_2S_2O_3$ 溶液的体积，mL；

$c(Na_2S_2O_3)$——$Na_2S_2O_3$ 溶液的浓度，mol/L。

4. 维生素C含量的测定

根据式(3-10) 计算维生素 C 含量，并求出平均值。

$$w(维生素\ C) = \frac{c(I_2) \times \frac{V(I_2)}{1000} \times M(C_6H_8O_6)}{m_{样}} \times 100\% \quad (3-10)$$

式中　$w(维生素\ C)$——样品中维生素 C 的质量分数；

　　　$c(I_2)$——I_2 标准溶液的浓度，mol/L；

　　　$V(I_2)$——为消耗 I_2 标准溶液的体积，mL；

　　　$m_{样}$——维生素 C 样品的质量，g；

　　　$M(C_6H_8O_6)$——维生素 C 的摩尔质量，176.12g/mol。

【注意事项】

1. 配制好的 I_2 溶液必须放在棕色试剂瓶中保存。
2. 维生素 C 很容易被空气氧化，特别在碱性环境中更容易被氧化，因此需加入 HAc 保持酸性环境，减少副反应。

【思考题】

1. 溶解 I_2 时为什么要加入过量的 KI？
2. 维生素 C 样品溶解时为什么要用新煮沸冷却的蒸馏水？
3. 滴定维生素 C 时为什么要加入 HAc？

实验15　$KMnO_4$ 标准滴定溶液的配制与过氧化氢含量的测定

【实验目的】

1. 掌握 $KMnO_4$ 标准滴定溶液的配制和贮存方法。
2. 掌握用 $Na_2C_2O_4$ 为基准物质标定 $KMnO_4$ 溶液浓度的原理和方法。
3. 掌握 $KMnO_4$ 标准滴定溶液的配制、标定和有关计算。

4. 掌握过氧化氢试液的称取方法。

5. 掌握高锰酸钾直接滴定法测定过氧化氢含量的基本原理、方法和计算。

【仪器试剂】

1. 仪器　滴定装置。

2. 试剂　$KMnO_4$ 固体；基准试剂 $Na_2C_2O_4$，在 105～110℃ 烘至恒重；H_2SO_4（3mol/L）：搅拌下将 83mL 浓 H_2SO_4 加入到 417mL 水中；双氧水（30% 过氧化氢）试样。

【实验步骤】

1. $KMnO_4$ 溶液的配制

配制 $c\left(\dfrac{1}{5}KMnO_4\right)=0.1\text{mol/L}$ 的 $KMnO_4$ 溶液 500mL。称取 1.6g $KMnO_4$ 固体于 500mL 烧杯中，加入 520mL H_2O 使之溶解。盖上表面皿，在电炉上加热至沸，缓缓煮沸 15min，冷却后置于暗处静置数天（至少 2～3d）后，用 G4 玻璃砂心漏斗（该漏斗预先以同样浓度 $KMnO_4$ 溶液缓缓煮沸 5min）或玻璃纤维过滤，除去 MnO_2 等杂质，滤液贮存于干燥具玻璃塞的棕色试剂瓶（试剂瓶用 $KMnO_4$ 溶液洗涤 2～3 次），待标定。

或溶解 $KMnO_4$ 后，保持微沸状态 1h，冷却后过滤，滤液贮存于干燥棕色试剂瓶，待标定。

若用浓度较稀 $KMnO_4$ 溶液，应在使用时用蒸馏水临时稀释并立即标定使用，不宜长期贮存。

2. $KMnO_4$ 溶液的标定

准确称取 0.15～0.20g 基准物质 $Na_2C_2O_4$（准确至 0.0001g），置于 250mL 锥形瓶中，加 30mL 蒸馏水溶解，再加入 10mL 3mol/L 的 H_2SO_4 溶液，加热至 75～85℃（开始冒蒸汽），趁热用待标定的 $KMnO_4$ 溶液滴定。注意滴定速度，开始时反应较慢，应在加入的一滴 $KMnO_4$ 溶液褪色后，再加下一滴。滴定至溶液呈粉红色且在 30s 不褪即为终点。记录消耗 $KMnO_4$ 标准滴定溶液的体积。平行测定三次。

3. 过氧化氢含量的测定

准确量取 2mL（或准确称取 2g）30% 过氧化氢试样，注入装有 200mL 蒸馏水的 250mL 容量瓶中，平摇一次，稀释至刻度，充分摇匀。

用移液管准确移取上述试液 25.00mL，放于锥形瓶中，加 3mol/L H_2SO_4 溶液 20mL，用 $c\left(\dfrac{1}{5}KMnO_4\right)=0.1\text{mol/L}$ 的 $KMnO_4$ 标准滴定溶液滴定（注意滴定速度！），至溶液微红色保持 30s 不褪色即为终点。记录消耗 $KMnO_4$ 标准滴定溶液体积。平行测定三次。

4. 计算公式

$$c\left(\frac{1}{5}KMnO_4\right)=\frac{m(Na_2C_2O_4)}{M\left(\frac{1}{2}Na_2C_2O_4\right)V(KMnO_4)\times 10^{-3}} \tag{3-11}$$

式中　$c\left(\dfrac{1}{5}KMnO_4\right)$——$KMnO_4$ 标准滴定溶液的浓度，mol/L；

$V(KMnO_4)$——滴定时消耗 $KMnO_4$ 标准滴定溶液的体积，mL；

$m(Na_2C_2O_4)$——基准物 $Na_2C_2O_4$ 的质量，g；

$M\left(\dfrac{1}{2}Na_2C_2O_4\right)$——以 $\dfrac{1}{2}Na_2C_2O_4$ 为基本单元的 $Na_2C_2O_4$ 的摩尔质量，g/mol。

$$\rho(H_2O_2)=\frac{c\left(\dfrac{1}{5}KMnO_4\right)V(KMnO_4)\times 10^{-3}\times M\left(\dfrac{1}{2}H_2O_2\right)}{V\times \dfrac{25}{250}}\times 1000 \tag{3-12}$$

式中　$\rho(H_2O_2)$——过氧化氢的质量浓度，g/L；

$c\left(\dfrac{1}{5}KMnO_4\right)$——$KMnO_4$ 标准滴定溶液的浓度，mol/L；

$V(KMnO_4)$——滴定时消耗 $KMnO_4$ 标准滴定溶液的体积，mL；

$M\left(\dfrac{1}{2}H_2O_2\right)$——$\dfrac{1}{2}H_2O_2$ 的摩尔质量，17.01g/mol；

V——测定时量取的过氧化氢试液体积，mL。

或

$$w(H_2O_2)=\dfrac{c\left(\dfrac{1}{5}KMnO_4\right)V(KMnO_4)\times 10^{-3}\times M\left(\dfrac{1}{2}H_2O_2\right)}{m\times\dfrac{25}{250}}\times 100\% \tag{3-13}$$

式中　$w(H_2O_2)$——过氧化氢的质量分数；

m——过氧化氢试样质量，g；

$c\left(\dfrac{1}{5}KMnO_4\right)$——$KMnO_4$ 标准滴定溶液的浓度，mol/L；

$V(KMnO_4)$——滴定时消耗 $KMnO_4$ 标准滴定溶液的体积，mL；

$M\left(\dfrac{1}{2}H_2O_2\right)$——$\dfrac{1}{2}H_2O_2$ 的摩尔质量，17.01g/mol。

【注意事项】

1. 为使配制的高锰酸钾溶液浓度达到欲配制浓度，通常称取稍多于理论用量的固体 $KMnO_4$。例如配制 $c\left(\dfrac{1}{5}KMnO_4\right)=0.1mol/L$ 的高锰酸钾标准滴定溶液 500mL，理论上应称取固体 $KMnO_4$ 质量为 1.58g 实际称取 $KMnO_4$ 1.6~1.7g。

2. 标定好的 $KMnO_4$ 溶液在放置一段时间后，若发现有沉淀析出，应重新过滤并标定。

3. 当滴定到稍微过量的 $KMnO_4$ 在溶液中呈粉红色并保持 30s 不褪色时即为终点。放置时间较长时，空气中还原性物质及尘埃可能落入溶液中使 $KMnO_4$ 缓慢分解，溶液颜色逐渐消失。$KMnO_4$ 可被观测到的最低浓度约为 $2\times 10^{-6}mol/L$ [相当于 100mL 溶液中加入 $c\left(\dfrac{1}{5}KMnO_4\right)=0.1mol/L$ 的 $KMnO_4$ 溶液 0.01mL]。

4. 滴定反应前可加入少量 $MnSO_4$ 催化 H_2O_2 与 $KMnO_4$ 的反应。

5. 若工业产品 H_2O_2 中含有稳定剂如乙酰苯胺，也消耗 $KMnO_4$ 使 H_2O_2 测定结果偏高。如遇此情况，应采用碘量法或铈量法进行测定。

【思考题】

1. 配制 $KMnO_4$ 溶液时，为什么要将 $KMnO_4$ 溶液煮沸一定时间或放置数天？为什么要冷却放置后过滤，能否用滤纸过滤？

2. $KMnO_4$ 溶液应装于哪种滴定管中，为什么？说明读取滴定管中 $KMnO_4$ 溶液体积的正确方法。

3. 装 $KMnO_4$ 溶液的锥形瓶、烧杯或滴定管，放置久后壁上常有棕色沉淀物，它是什么？怎样才能洗净？

4. 用 $Na_2C_2O_4$ 基准物质标定 $KMnO_4$ 溶液的浓度，其标定条件有哪些？为什么用 H_2SO_4 调节酸度？可否用 HCl 或 HNO_3？酸度过高、过低或温度过高、过低对标定结果有何影响？

5. 在酸性条件下，以 $KMnO_4$ 溶液滴定 $Na_2C_2O_4$ 时，开始紫色褪去较慢，后来褪去较快，为什么？

6. H_2O_2 与 $KMnO_4$ 反应较慢，能否通过加热溶液来加快反应速率？为什么？

实验 16　复混肥料中钾含量的测定

【实验目的】
1. 熟练、规范称量分析的基本操作。
2. 掌握用掩蔽剂分离干扰离子的原理及方法。
3. 进一步掌握晶形沉淀的条件。
4. 掌握微孔玻璃坩埚的使用与洗涤。

【仪器试剂】
1. 仪器　烘箱（能维持 120℃±5℃ 的温度）；P16 号微孔玻璃坩埚。
2. 试剂　四苯硼酸钠溶液（3.15g/L）：称取 15g 四苯硼酸钠溶于约 960mL 水中，加 4mL 400g/L 氢氧化钠溶液和 100g/L 六水氯化镁溶液 20mL，搅拌 15min，静置后，用滤纸过滤。该溶液贮存于棕色瓶或塑料瓶中，一般不超过 1 个月期限，如发现浑浊，使用前应过滤。乙二胺四乙酸二钠盐（EDTA）溶液（40g/L）；氢氧化钠溶液（400g/L）；溴水溶液（50g/L）；四苯硼酸钠洗涤液（1.5g/L）；酚酞乙醇溶液（5g/L）：溶解 0.5g 酚酞于 100mL 95%（φ）乙醇中；活性炭（应不吸附或不释放钾离子）；复合肥试样。

【实验步骤】
1. 试样溶液的制备

称取含氧化钾约 400mg 的试样 2~5g（称准至 0.0002g），置于 250mL 锥形瓶中，加约 150mL 水，加热煮沸 30min，冷却，定量转移到 250mL 容量瓶中，用水稀释至刻度，混匀，用干燥滤纸过滤，弃去最初 50mL 滤液。

2. 试液处理

(1) 试样不含氰氨基化物或有机物　吸取上述滤液 25.00mL，置于 200mL 烧杯中，加 EDTA 溶液 20mL（含阳离子较多时可加 40mL），加 2~3 滴酚酞乙醇溶液，滴加氢氧化钠溶液至红色出现时，再过量 1mL，在通风橱内缓慢加热煮沸 15min，然后放置冷却或用流水冷却至室温，再用氢氧化钠溶液调至红色。

(2) 试样含有氰氨基化物或有机物　吸取上述滤液 25.00mL，置于 200~250mL 烧杯中，加入溴水溶液 5mL，将该溶液煮沸直至所有的溴水完全脱除为止（无溴颜色），若含有其他颜色，将溶液体积蒸发至小于 100mL，待溶液冷却后，加 0.5g 活性炭，充分搅拌使之吸附，然后过滤，并洗涤 3~5 次，每次用水约 5mL，收集全部滤液，加 EDTA 溶液 20mL（含阳离子较多时加 40mL），以下手续同（1）操作。

3. 沉淀及过滤

在不断搅拌下，于处理后的试样溶液 [2 中 (1) 或 2 中 (2)] 中逐滴加入四苯硼酸钠溶液，加入量为每含 1mg 氧化钾加四苯硼酸钠溶液 0.5mL，并过量约 7mL，继续搅拌 1min，静置 15min 以上，用倾滤法将沉淀过滤于 120℃ 下预先恒重的 P16 号玻璃坩埚内，用四苯硼酸钠洗涤液洗涤沉淀 5~7 次，每次用量 5mL，最后用水洗涤 2 次，每次用量 5mL。

4. 干燥

将盛有沉淀的坩埚置于 120℃±5℃ 烘箱中，干燥 1.5h，然后放在干燥器内冷却，称重。

5. 空白试验

除不加试液外，实验步骤及实际用量均与上述步骤相同。

6. 计算公式

$$w(K_2O) = \frac{[(m_2-m_1)-(m_4-m_3)] \times \dfrac{M(K_2O)}{2M[KB(C_6H_5)_4]}}{m_{样} \times \dfrac{25}{250}} \times 100\% \qquad (3-14)$$

式中　$w(K_2O)$ ——K_2O 的质量分数；

m_1 ——空坩埚的质量，g；

m_2 ——盛有沉淀的坩埚质量，g；

m_3 ——空白试验中空坩埚的质量，g；

m_4 ——空白试验中盛有沉淀的坩埚质量，g；

$M(K_2O)$ ——K_2O 的摩尔质量，g/mol；

$M[KB(C_6H_5)_4]$ ——$KB(C_6H_5)_4$ 的摩尔质量，g/mol；

$m_{样}$ ——试样的质量，g。

【注意事项】

1. 不要将进行第一次干燥的坩埚（湿的）与第二次干燥的坩埚放入同一个烘箱中。
2. 做完实验及时将微孔玻璃坩埚洗净，若沉淀不易洗去，可用丙酮进一步清洗。

【思考题】

1. 试液中加入 EDTA 溶液的作用是什么？
2. 沉淀剂四苯硼酸钠为什么要滴加，如果一次性倒入会引起什么现象？
3. 四苯硼酸钾沉淀为什么先用稀的四苯硼酸钠洗涤？最后为什么还需要用水洗涤 2 次？
4. 为什么洗涤液的用量每次都需控制在 5mL？

实验 17　EDTA 标准溶液的制备和工业用水中钙镁总量的测定

【实验目的】

1. 掌握 EDTA 标准溶液的配制方法。
2. 了解 EDTA 标准溶液标定的原理，掌握标定方法。
3. 掌握测定水中钙镁离子总量的方法。
4. 复习巩固溶液配制及滴定操作。

【仪器试剂】

1. 仪器　托盘天平；分析天平；锥形瓶（250mL）；酸式滴定管（50mL）；聚乙烯塑料瓶（500mL）；移液管（10mL）；烧杯（250mL）；容量瓶（250mL）；表面皿；容量瓶（50mL）；量筒等。

2. 试剂　乙二胺四乙酸二钠盐（EDTA·2Na·2H$_2$O）；CaCO$_3$ 基准物；钙指示剂（1g 钙指示剂与 100g NaCl 固体混合，研细混匀）；铬黑 T 指示剂（1g 铬黑 T 与 100g NaCl

固体混合，研细混匀）；盐酸（1∶1）；NaOH（1mol/L）；NH_3-NH_4Cl 缓冲溶液（pH=10）：54g NH_4Cl 溶于水，加 350mL 浓氨水，稀释至 1L。

【实验步骤】

1. EDTA 标准溶液的配制与标定

（1）0.01mol/L EDTA 标准溶液的配制

称取 1.8g EDTA 二钠盐，溶于 500mL 水中摇匀（可温热加快溶解），将溶液转入 500mL 聚乙烯塑料瓶中保存，待标定。

（2）0.01mol/L EDTA 标准溶液的标定

准确称取基准物 $CaCO_3$ 0.2～0.25g，称量三份，分别置于 250mL 烧杯中，用少量水润湿，盖上表面皿，从杯嘴边滴加 HCl（1∶1），控制速度防止飞溅。待 $CaCO_3$ 完全溶解后，用少量水洗表面皿和烧杯壁，洗涤液一同转入 250mL 容量瓶中，用水稀释至刻度，摇匀。

移取 25.00mL Ca^{2+} 溶液于 250mL 锥形瓶中，加入 5mL 1mol/L NaOH 溶液，及约 0.1g 钙指示剂，用 EDTA 溶液滴定，滴至溶液由酒红色变纯蓝色，即为终点。记录消耗 EDTA 溶液的体积。平行滴定三次。同时做空白试验。

2. 水中钙镁离子总量的测定

准确移取澄清水样 50mL 至 250mL 锥形瓶中，加 5mL NH_3-NH_4Cl 缓冲溶液及 0.01g 铬黑 T 指示剂，此时溶液呈酒红色。用 EDTA 标准溶液进行滴定，至酒红色变为纯蓝色，即为终点。平行滴定 3 次。

3. 数据处理

（1）EDTA 标准溶液的配制与标定　根据 Ca^{2+} 的质量和消耗 EDTA 标准溶液的体积，根据式(3-15)计算 EDTA 标准溶液的浓度，并求出平均值。

$$c(EDTA) = \frac{m(CaCO_3) \times \frac{25}{250}}{M(CaCO_3) \times [V(EDTA) - V_0]} \tag{3-15}$$

式中　$c(EDTA)$——EDTA 标准溶液的浓度，mol/L；

　　　$V(EDTA)$——消耗 EDTA 标准溶液的体积，mL；

　　　V_0——空白试验消耗 EDTA 标准溶液的体积，mL；

　　　$m(CaCO_3)$——称取 $CaCO_3$ 基准物的质量，g；

　　　$M(CaCO_3)$——$CaCO_3$ 的摩尔质量，100.09g/mol。

（2）水中钙镁离子总量的测定　本实验水中钙、镁离子总量（硬度，以 CaO 计）根据式(3-16)计算，并求出平均值。

$$硬度 = \frac{c(EDTA) \times \frac{V(EDTA)}{1000} \times M(CaO) \times 10^3}{\frac{V_{水样}}{1000}} \tag{3-16}$$

式中　硬度——以 CaO 计，mg/L；

　　　$c(EDTA)$——EDTA 标准溶液的浓度，mol/L；

　　　$V(EDTA)$——消耗 EDTA 标准溶液的体积，mL；

　　　$M(CaO)$——CaO 的摩尔质量，56.08g/mol；

　　　$V_{水样}$——水样的体积，本实验为 50mL。

【注意事项】
1. EDTA 标准溶液应保存在聚乙烯瓶中。
2. 测定钙、镁离子总量时，取水样的量应视水的硬度而定，硬度大可少取。

【思考题】
1. 为什么用乙二胺四乙酸二钠盐配制 EDTA 标准溶液，而不用乙二胺四乙酸？
2. 用 HCl 溶解 $CaCO_3$ 时需注意什么？

实验 18 水中 pH 值的测定

【实验目的】
1. 掌握测定溶液 pH 的基本原理。
2. 掌握测定溶液 pH 的操作方法和常用标准缓冲溶液的配制方法。
3. 学会酸度计的校正操作和电极的使用方法。

【仪器试剂】
1. 仪器 pHS-3F 型酸度计；甘汞电极；玻璃电极；烧杯（100mL，250mL）；容量瓶（100mL）。
2. 试剂 邻苯二甲酸氢钾（GR）；磷酸二氢钾（GR）；磷酸氢二钠（GR）；醋酸（HAc）溶液（0.1mol/L）；醋酸钠（NaAc）溶液（0.1mol/L）；硼砂（GR）；氯化钾（KCl）溶液（0.1mol/L）。

【实验步骤】
1. 配制标准缓冲溶液
（1）配制 pH=4.01 的酸性标准缓冲溶液 称取 1.021g 邻苯二甲酸氢钾，加少量水溶解后，于 100mL 容量瓶中定容。
（2）配制 pH=6.86 的中性标准缓冲溶液 称取 0.340g 磷酸二氢钾和 0.355g 磷酸氢二钠，加少量水溶解后，于 100mL 容量瓶中定容。
（3）配制 pH=9.18 的碱性标准缓冲溶液 称取 0.381g 硼砂，加少量水溶解后，于 100mL 容量瓶中定容。

2. pHS-3F 型酸度计的操作方法
（1）仪器使用前准备 打开仪器电源开关预热 20min。将两电极夹在电极夹上，接上电极导线。用蒸馏水清洗两电极需要插入溶液的部分，并用滤纸吸干电极外壁上的水。
（2）溶液 pH 的测量
① 仪器的校正 将两电极插入 pH 已知且接近 pH=7 的标准缓冲溶液（pH=6.86，25℃）中。将功能选择按键置"pH"位置，调节"温度"调节器使所指示的温度刻度为该标准缓冲溶液的温度值。将"斜率"钮顺时针转到底（最大）。轻摇试杯，待电极达到平衡后，调节"定位"调节器，使仪器读数为该缓冲溶液在当时温度下的 pH。取出电极，移去标准缓冲溶液，用蒸馏水清洗两电极，并用滤纸吸干电极外壁上的水后，再插入另一接近被测溶液 pH 的标准缓冲溶液中（pH=4.00 或 9.18，25℃）。旋动"斜率"旋钮，使仪器显示该标准缓冲溶液的 pH（此时"定位"钮不可动）。若调不到，应重复上面的定位操作。调好后，"定位"和"斜率"二旋钮不可再动。

② 测量试液的 pH　移去标准缓冲溶液，清洗两电极，并用滤纸吸干电极外壁上的水后，将其插入待测试液中，轻摇试杯，待电极平衡后，读取被测试液的 pH。

(3) pH 玻璃电极的使用　测定溶液 pH 的工作电池中，以 pH 玻璃电极作为指示电极。

① 初次使用或久置重新使用时，应将电极玻璃球泡浸泡在蒸馏水或 0.1mol/L HCl 溶液中活化 24h。

② 使用前要仔细检查所选电极的球泡是否有裂纹，内参比电极是否浸入内参比溶液中，内参比溶液内是否有气泡。有裂纹或内参比电极未浸入内参比溶液的电极不能使用。若内参比溶液内有气泡，应稍晃动以除去气泡。

③ 玻璃电极在长期使用或储存中会"老化"，老化的电极不能再使用。玻璃电极的使用期一般为一年。

④ 玻璃电极的玻璃膜很薄，容易因为碰撞或受压而破裂，使用时必须特别注意。

⑤ 玻璃球泡沾湿时可以用滤纸吸去水分，但不能擦拭。玻璃球泡不能用浓 H_2SO_4 溶液、洗液或浓乙醇洗涤，也不能用于含氟较高的溶液中，否则电极将失去功能。

⑥ 电极导线绝缘部分及电极插杆应保持清洁干燥。

(4) 饱和甘汞电极的使用　电位法测定溶液 pH 的工作电池中，通常使用饱和甘汞电极作参比电极。

① 使用前应先取下电极下端口和上侧加液口的小胶帽，不用时戴上。

② 电极内饱和 KCl 溶液的液位应保持足够的高度（以浸没内电极为止），不足时要补加。为了保证内参比溶液是饱和溶液，电极下端要保持有少量 KCl 晶体存在，否则必须由上加液口补加少量 KCl 晶体。

③ 使用前应检查玻璃弯管处是否有气泡，若有气泡应及时排除掉，否则将引起电路断路或仪器读数不稳定。

④ 使用前要检查电极下端陶瓷芯毛细管是否畅通。检查方法是：先将电极外部擦干，然后用滤纸紧贴瓷芯下端片刻，若滤纸上出现湿印，则证明毛细管未堵塞。

⑤ 安装电极时，电极应垂直置于溶液中，内参比溶液的液面应较待测溶液的液面高，以防止待测溶液向电极内渗透。

⑥ 饱和甘汞电极在温度改变时常显示出滞后效应（如温度改变 8℃ 时，3h 后电极电位仍偏离平衡电位 0.2~0.3mV），因此不宜在温度变化太大的环境中使用。

(5) pH 复合电极的使用

① 初次使用或久置重新使用时，把电极球泡及砂芯浸在 3mol/L KCl 溶液中活化 8h。

② 保持电极插头清洁干燥。

③ 电极的外参比溶液为 3mol/L KCl 溶液。

④ 测量时拔去外罩，去掉橡皮套，将电极的球泡及砂芯微孔同时浸在被测组分溶液内。测量另一溶液时，先在蒸馏水中洗净，防止杂质带入溶液，避免溶液间交错污染，保证测量精度。内参比溶液为 AgCl 饱和的 3.33mol/L KCl 溶液，从上端小孔补充，溶液量保持在内腔容量的 1/2 以上。不用时，小孔用橡皮套盖上。

⑤ 电极避免长期浸在酸性氟化物溶液中。

⑥ 电极球泡或砂芯污染会使电极响应速度减慢。根据污染物性质用适当溶液清洗，使电极性能恢复。

3. 溶液酸度的测定

（1）将电极洗净、吸干后浸入盛有 HAc 溶液的小烧杯中，测定 pH。

（2）以 KCl 溶液代替 HAc 溶液，测定 KCl 溶液的 pH。

（3）以 NaAc 溶液代替 HAc 溶液，测定 NaAc 溶液的 pH。

4. 结束实验

测定结束后，关闭电源，取出电极，冲洗干净，妥善保管。

【注意事项】

1. 酸度计的输入端（即测量电极插座）必须保持干燥清洁。在环境湿度较高的场所使用时，应将电极插座和电极引线柱用干净纱布擦干。读数时电极引入导线和溶液应保持静止，否则会引起仪器读数不稳定。

2. 标准缓冲溶液配制要准确无误，否则将导致测量结果不准确。

3. 由于待测试样的 pH 常随空气中 CO_2 等因素的变化而改变，因此采集试样后应立即测定，不宜久存。

【思考题】

1. 在测量溶液的 pH 时，既然有用标准缓冲溶液"定位"这一操作步骤，为什么在酸度计上还要有温度补偿装置？

2. 校正酸度计时，若定位器能调 pH=6.86 但不能调 pH=4.00，可能的原因是什么？应如何排除？

3. pH 酸度计为什么要用已知 pH 值的标准缓冲溶液校正？校正时应注意哪些问题？

4. 标准缓冲溶液的 pH 值受哪些因素影响？如何保证其 pH 值恒定不变？

5. 安装电极时，应注意哪些问题？

实验 19　微量铁的测定

【实验目的】

1. 理解可见分光光度法进行定量分析的原理和方法。

2. 掌握分光光度计的使用方法，学习测绘吸收曲线和选择测定波长。

3. 学会利用标准曲线法进行定量分析的操作与数据处理方法。

【仪器试剂】

1. 仪器　分光光度计；容量瓶（50mL，100mL）；吸量管（5mL，10mL）；移液管（25mL）。

2. 试剂　铁标准溶液（100.0μg/mL）：准确称取 0.8634g 硫酸亚铁铵置于烧杯中，以 30mL 2mol/L HCl 溶液溶解后移入 1000mL 容量瓶中，用蒸馏水稀释至标线，摇匀；盐酸羟胺溶液（100g/L）：用时配制；邻二氮杂菲溶液 1.5g/L，先用少量乙醇溶解，再用蒸馏水稀释至所需浓度（避光保存，两周内有效）；醋酸钠（NaAc）溶液（1.0mol/L）；待测铁溶液（未知液）。

【实验步骤】

1. 配制 10.00μg/mL 的铁标准溶液

由 100.0μg/mL 的铁标准溶液准确稀释 10 倍而成。

2. 吸收曲线的测绘

准确移取 10.00μg/mL 铁标准溶液 5mL 于 50mL 容量瓶中，加入 100g/L 盐酸羟胺溶液 1mL，摇匀，稍冷，加入 1mol/L NaAc 溶液 5mL 和 1.5g/L 邻二氮杂菲溶液 2mL，以水稀释至刻度，在分光光度计上，用 2cm 吸收池，以蒸馏水为参比溶液，用不同的波长从 570nm 开始到 430nm 为止，每隔 10nm 或 20nm 测定一次吸光度（其中从 530～490nm，每隔 10nm 测一次）。然后以波长 λ 为横坐标，吸光度 A 为纵坐标，绘制光吸收曲线。从而选择测定铁的适宜波长。

3. 标准曲线的绘制

取 6 只洁净的 50mL 容量瓶，分别移取 10.00μg/mL 铁标准溶液 0.00mL、2.00mL、4.00mL、6.00mL、8.00mL、10.00mL 于 6 只容量瓶中，然后各加入 1mL 100g/L 盐酸羟胺溶液，摇匀，经 2min 后再分别加入 2mL 1.5g/L 邻二氮杂菲溶液，5mL 1.0mol/L 醋酸钠溶液，用蒸馏水稀释至标线，混匀。在已测的适宜波长处（510nm），用 2cm 吸收池，以蒸馏水为参比溶液，分别测定各溶液吸光度，绘制出标准曲线。

4. 未知液铁含量测定

吸取 5mL 未知液置于 50mL 容量瓶中，按标准系列相同步骤显色并测定吸光度。根据试样吸光度从标准曲线上查出铁的浓度，计算水样中铁含量（以 mg/L 表示）。

【思考题】

1. 邻二氮杂菲分光光度法测定铁的适宜条件是什么？
2. 铁标准溶液在显色前加盐酸羟胺的目的是什么？如测定一般铁盐的总铁量，是否需要加盐酸羟胺？
3. 如用配制已久的盐酸羟胺溶液，对分析结果将带来什么影响？
4. 怎样选择本实验中各种测定的参比溶液？
5. 溶液的酸度对邻二氮杂菲铁的吸光度影响如何？为什么？

实验 20　苯系物的分析

【实验目的】

1. 理解气相色谱法分离混合物的原理。
2. 掌握气相色谱仪使用氢火焰检测器的操作方法。
3. 学会液体进样技术，掌握利用归一化法进行定量分析的方法。

【仪器试剂】

1. 仪器　气相色谱仪（氢焰检测器）；微量注射器（1μL）；秒表；色谱柱（不锈钢或玻璃，3mm×2m；有机皂土与邻苯二甲酸二壬酯混合固定液）。
2. 试剂　对二甲苯；苯；间二甲苯；甲苯；邻二甲苯；苯系混合物样品；苯系混合物标准样（准确称取苯、甲苯、对二甲苯、间二甲苯和邻二甲苯各 0.5g，于干燥、洁净的小试剂瓶中，混匀，塞紧瓶塞）。

【实验步骤】

1. 确定仪器操作条件

柱温：90℃；汽化室：150℃；检测器：150℃；进样量：0.1μL；纸速：1cm/min；载

气（N_2）流量：40mL/min；氢气流量：40mL/min；空气流量：400mL/min。

2. 初试

启动仪器，按规定的操作条件调试、点火。待基线稳定后，用微量注射器注入苯系混合物样品 0.1μL。记下各色谱峰的保留时间。根据色谱峰的大小选定氢火焰检测器的灵敏度和衰减倍数。

3. 定性分析

在相同的操作条件下，依次在气相色谱仪上注进苯、甲苯、对二甲苯、间二甲苯和邻二甲苯纯品各 0.05μL，记录保留时间，与苯系混合物样品中各组分的保留时间一一对照定性。

4. 测量校正因子

在稳定的仪器操作条件下，注入苯系混合物标准样 1μL，记录色谱图。准确测量各组分的峰高、半峰宽，用以计算峰面积及相对校正因子。

5. 定量分析

在相同的操作条件下，注入苯系混合物样品 0.1μL，准确测量各组分峰面积。平行测定 2～3 次。

6. 数据处理

（1）将实验操作条件填入下表。

色谱柱规格		空气流量	
色谱柱材料		色谱柱温度	
固定液		汽化室温度	
载体及粒度		检测器温度	
载气流量		检测器灵敏度	
氢气流量		走纸速度	

（2）将定性分析结果填入下表。

	测定结果	t_R/s	t_M/s	t'_R/s	$\gamma_{2.1}$	定性结论
样品	色谱峰 1					
	色谱峰 2					
	色谱峰 3					
	色谱峰 4					
	色谱峰 5					
纯物质	苯					
	甲苯					
	对二甲苯					
	间二甲苯					
	邻二甲苯					

（3）将相对校正因子的测算结果填入下表。

混合物标准	测(算)结果	m/g	h/mm	$Y_{1/2}/mm$	A/mm^2	f_i'
	苯					
	甲苯					
	对二甲苯					
	间二甲苯					
	邻二甲苯					

(4) 将定量分析结果填入下表。

样品	测(算)结果	f_i'	h/mm	$Y_{1/2}/mm$	A/mm^2	质量分数
	苯					
	甲苯					
	对二甲苯					
	间二甲苯					
	邻二甲苯					

【思考题】

1. 苯系物中主要有哪些组分？为什么说用色谱方法分离最好？
2. 本实验为什么选用有机皂土与邻苯二甲酸二壬酯混合物作固定液？
3. 为什么柱温选用 90℃？
4. 归一化法计算为什么要用校正因子？它的物理意义是什么？
5. 保留值在色谱定性、定量分析中有什么意义？

第4章 无机与分析化学综合实验

实验21 硫酸铜的提纯和铜含量的分析

【实验目的】
1. 了解用化学法提纯硫酸铜的方法。
2. 掌握溶解、加热、蒸发浓缩、过滤、重结晶等基本操作。
3. 掌握铜含量的测定方法。

【实验原理】
1. 硫酸铜提纯

粗硫酸铜中含有不溶性杂质和可溶性杂质 $FeSO_4$、$Fe_2(SO_4)_3$ 及其他重金属盐等。不溶性杂质可通过常压过滤、减压过滤的方法除去。可溶性杂质 Fe^{2+}、Fe^{3+} 的除去方法是:先将 Fe^{2+} 用氧化剂 H_2O_2 或 Br_2 氧化成 Fe^{3+},然后调节溶液的 pH 值在 3.5~4,使 Fe^{3+} 水解成为 $Fe(OH)_3$ 沉淀而除去,反应式如下:

$$2Fe^{2+} + H_2O_2 + 2H^+ \rlap{=}= 2Fe^{3+} + 2H_2O$$

$$Fe^{3+} + 3H_2O \rlap{=}= Fe(OH)_3 + 3H^+$$

控制 pH 值在 3.5~4 是因为 Cu^{2+} 在 pH 值大于 4.1 时有可能产生 $Cu(OH)_2$ 沉淀。而 Fe^{3+} 则不同,根据溶度积规则进行计算,其完全沉淀时的 pH 值是大于 3.3,因此控制溶液的 pH 值在 3.3~4.1,便可使 Fe^{3+} 完全沉淀而 Cu^{2+} 不沉淀从而达到分离,pH 值相对越高,Fe^{3+} 沉淀就越完全。其他可溶性杂质因含量少、可以通过重结晶的方法除去。

2. 硫酸铜的纯度检验

将提纯过的样品溶于蒸馏水中,加入过量的氨水使 Cu^{2+} 生成深蓝色的 $[Cu(NH_3)_4]^{2+}$,Fe^{3+} 形成 $Fe(OH)_3$ 沉淀。过滤后用 HCl 溶解 $Fe(OH)_3$,然后加 KSCN 溶液,Fe^{3+} 愈多,血红色愈深。其反应式为:

$$Fe^{3+} + 3NH_3 \cdot H_2O \rlap{=}= Fe(OH)_3 + 3NH_4^+$$

$$2Cu^{2+} + SO_4^{2-} + 2NH_3 \cdot H_2O \rlap{=}= Cu_2(OH)_2SO_4 + 2NH_4^+$$
$$\text{(浅蓝色)}$$

$$Cu_2(OH)_2SO_4 + 2NH_4^+ + 6NH_3 \cdot H_2O \rlap{=}= 2[Cu(NH_3)_4]^{2+} + SO_4^{2-} + 8H_2O$$
$$\text{(深蓝色)}$$

$$Fe(OH)_3 + 3H^+ \rlap{=}= Fe^{3+} + 3H_2O$$

$$Fe^{3+} + nSCN^- \rlap{=}= [Fe(SCN)_n]^{3-n}$$

3. 铜含量的测定

硫酸铜中铜的含量可用碘量法测定。在微酸性溶液中(pH=3~4),Cu^{2+} 与过量 I^- 作用,生成 CuI 沉淀和 I_2,其反应式为:

$$2Cu^{2+} + 4I^- \rlap{=}= 2CuI + I_2$$

生成的 I_2 以淀粉为指示剂，用 $Na_2S_2O_3$ 标准溶液滴定至溶液的蓝色刚好消失即为终点。反应式为：

$$I_2 + 2S_2O_3^{2-} = 2I^- + S_4O_6^{2-}$$

由此可以计算出铜的含量。

Cu^{2+} 与 I^- 之间的反应是可逆的，为了促使反应能趋于完全，必须加入过量的 KI，但由于 CuI 沉淀强烈地吸附 I_3^-，会使测定结果偏低。通常的办法是加入 KSCN，使 CuI（K_{sp} = 1.1×10^{-12}）转化为溶解度更小的 CuSCN（$K_{sp} = 4.8 \times 10^{-15}$）：

$$CuI + SCN^- = CuSCN + I^-$$

把吸附的 I_3^- 释放出来，使反应更趋于完全。但是 KSCN 只能在接近终点时加入，否则 SCN^- 可能直接还原 Cu^{2+} 而使结果偏低：

$$6Cu^{2+} + 7SCN^- + 4H_2O = 6CuSCN + SO_4^{2-} + HSCN + 7H^+$$

溶液的 pH 值一般控制在 3~4。酸度过低，由于 Cu^{2+} 的水解，使反应不完全，结果偏低，而且反应速率慢，终点拖长；酸度过高，则 I^- 易被空气中的氧氧化为 I_2（且 Cu^{2+} 催化此反应），使结果偏高。

Fe^{3+} 能氧化 I^-，对测定有干扰，但可加入 NH_4HF_2 掩蔽。同时 NH_4HF_2（即 $NH_4F \cdot HF$）是一种很好的缓冲溶液，能使溶液的 pH 值控制在 3~4。

$Na_2S_2O_3$ 溶液可用 $K_2Cr_2O_7$、$KBrO_3$、KIO_3、纯铜等基准试剂标定。$K_2Cr_2O_7$ 较便宜，又易提纯，是最常用的基准试剂。在酸性溶液中，它与 KI 作用析出等计量的 I_2，然后用 $Na_2S_2O_3$ 溶液滴定析出的 I_2，反应如下：

$$Cr_2O_7^{2-} + 6I^- + 14H^+ = 2Cr^{3+} + 3I_2 + 7H_2O$$

$$I_2 + 2S_2O_3^{2-} = 2I^- + S_4O_6^{2-}$$

根据 $K_2Cr_2O_7$ 的质量和所消耗的 $Na_2S_2O_3$ 溶液的体积计算 $Na_2S_2O_3$ 溶液的浓度。

$Cr_2O_7^{2-}$ 和 I^- 的反应较慢，通常是加入过量的 KI 和提高溶液的酸度来加速这个反应。加入过量的 KI 还可使 I_2 生成 I_3^-，防止 I_2 的挥发。但酸度也不宜太高，否则溶液中的 I^- 被空气中的氧氧化的速率也会加快。酸度一般保持在 0.4~0.5mol/L。

【仪器试剂】

1. 仪器　托盘天平；研钵；漏斗和漏斗架；布氏漏斗；吸滤瓶；蒸发皿；25mL 比色管；水真空泵（或油真空泵）；分析天平；酸式滴定管；称量瓶；移液管；温度计（373K）；玻璃管（40mm）；容量瓶（100mL）；烧杯（100mL）。

2. 试剂　H_2SO_4(1.0mol/L)；HCl(2.0mol/L, 6.0mol/L)；H_2O_2(3%)；NaOH(2.0mol/L)；KSCN(1.0mol/L)；$NH_3 \cdot H_2O$(1.0mol/L, 6.0mol/L)；KI(3%)；淀粉(1%)；基准试剂 $K_2Cr_2O_7$；$Na_2S_2O_3$(0.02mol/L)；NH_4HF_2(20%)；滤纸；pH 试纸。

【实验步骤】

1. 粗硫酸铜的提纯

用托盘天平称取 8g 粗硫酸铜放在 100mL 洁净的小烧杯中，加入 25mL 蒸馏水，加热并不断用玻璃棒搅拌使其完全溶解，停止加热。

往溶液中滴加 1~2mL 3% H_2O_2，将溶液加热使其充分反应，并分解过量的 H_2O_2，同时在不断搅拌下逐滴加入 0.5~1mol/L NaOH（自己稀释），调节溶液的 pH 值在 3.5~4 之间。再加热片刻,静置使水解生成的 $Fe(OH)_3$ 沉降。常压过滤,滤液转移至洁净的蒸发皿中。

用 1mol/L H_2SO_4 调节滤液的 pH 值到 1~2,然后加热、蒸发、浓缩至溶液表面出现一层晶膜时,即停止加热。冷却至室温,将析出晶体转移至布氏漏斗上,减压抽滤,取出晶体,用滤纸吸干其表面水分。称重,计算产率。

2. 硫酸铜纯度的检验

称取 1g 提纯过的硫酸铜晶体,放在小烧杯中,用 10mL 蒸馏水溶解,加入 1mL 1mol/L H_2SO_4 酸化,再加入 2mL 3% H_2O_2,充分搅拌后,煮沸片刻,使溶液中 Fe^{2+} 全部氧化成 Fe^{3+}。待溶液冷却后,逐滴加入 6mol/L 氨水,并不断搅拌直至生成的蓝色沉淀溶解为深蓝色溶液为止。

常压过滤,并用滴管将 1mL 1mol/L 氨水滴在滤纸上,直至蓝色洗去为止。弃去滤液,用 3mL 2mol/L HCl 溶解滤纸上的氢氧化铁。如有 $Fe(OH)_3$ 未溶解,可将滤下的滤液再滴加到滤纸上。在滤液中滴入 2 滴。1mol/L KSCN 溶液,观察溶液的颜色。根据溶液颜色的深浅可以比较 Fe^{3+} 多少,评定产品的纯度。

3. 铜含量的测定

(1) 0.02mol/L $Na_2S_2O_3$ 溶液的标定　称取已烘干的 $K_2Cr_2O_7$ 0.2~0.3g 于 250mL 烧杯中,加 50mL 水,微热溶解,冷却。将溶液定量转移于 250mL 容量瓶中,用蒸馏水稀释至刻度,摇匀。移取 25mL(3 份)于 250mL 锥形瓶中,加 3% KI 10mL、6mol/L HCl 5mL,混匀后,盖上表面皿,放置暗处 5min。待反应完全后,加水 50mL,用待标定的 $Na_2S_2O_3$ 溶液滴定到溶液由暗红色变为浅黄色时,加入 1%淀粉溶液 1mL,继续滴定至蓝色刚变成绿色,即为终点。计下消耗的 $Na_2S_2O_3$ 体积,计算其浓度。

(2) 硫酸铜中铜含量的测定　准确称取硫酸铜产品 1.2g 左右,置于 100mL 烧杯中,加 10mL 1mol/L H_2SO_4,加水少量使样品溶解,定量转移入 250mL 容量瓶中,用水稀释至刻度,摇匀。

移取上述 $CuSO_4$ 试液 25.00mL 于 250mL 锥形瓶中,加 20% NH_4HF_2 5mL,3% KI 10mL,立即用 $Na_2S_2O_3$ 标准溶液滴定至浅黄色时,加入 1%淀粉溶液 1mL,继续滴定至浅蓝色,加入 4% KSCN 5mL,继续滴定至蓝色刚好消除,即为终点。此时溶液为米色悬浊液。记录滴定剂用量。平行测定 3 份,记下每次消耗的 $Na_2S_2O_3$ 溶液体积,计算试样中 Cu 的含量。

【思考题】

1. 粗硫酸铜中 Fe^{2+} 杂质为什么要氧化成 Fe^{3+} 除去?采用 H_2O_2 作氧化剂比其他氧化剂有什么优点?
2. 为什么除 Fe^{3+} 的滤液还要调节 pH≈2,再进行蒸发浓缩?
3. 用碘量法测定 Cu 时,加入过量 KI 的目的是什么?
4. 用碘法测定铜含量时,为什么要加入 KSCN 溶液?如果在酸化后立即加入,会产生什么影响?
5. 测定反应为什么一定要在弱酸性介质中进行?
6. 淀粉指示剂为什么要在临近终点时加入?

实验 22 硫酸亚铁铵的制备和分析

【实验目的】
1. 了解硫酸亚铁铵的制备原理和方法。
2. 了解复盐的一般特性及硫酸亚铁铵的制备方法。
3. 熟练掌握水浴加热、蒸发、结晶和减压过滤等基本操作。
4. 掌握高锰酸钾滴定法测定铁（Ⅱ）的方法，并巩固产品中杂质 Fe^{3+} 的定量分析。

【基本原理】
硫酸亚铁铵 $(NH_4)_2Fe(SO_4)_2 \cdot 6H_2O$ 俗称摩尔盐，为浅绿色单斜晶体。它在空气中比一般亚铁盐稳定，不易被氧化，而且价格低，制造工艺简单，其应用广泛，工业上常用作废水处理的混凝剂，在农业上用作农药及肥料，在定量分析上常用作氧化还原滴定的基准物质。

像所有的复盐一样，硫酸亚铁铵在水中的溶解度比组成它的任何一个组分 $FeSO_4$ 和 $(NH_4)_2SO_4$ 的溶解度都小，见表 4-1。因此将含有 $FeSO_4$ 和 $(NH_4)_2SO_4$ 的溶液经蒸发浓缩、冷却结晶可得到摩尔盐晶体。

表 4-1 硫酸亚铁、硫酸铵、硫酸亚铁铵在水中的溶解度　　　　单位：g/100g 水

溶解度/(g/100g 水) 化合物名称 温度/℃	10	20	30	40	60
$FeSO_4$	73.0	75.4	78.0	81.0	88
$(NH_4)_2SO_4$	40.0	48.0	60.0	73.3	100
$(NH_4)_2Fe(SO_4)_2 \cdot 6H_2O$	17.23	36.47	45.0	—	—

本实验采用铁屑与稀硫酸作用生成硫酸亚铁溶液：
$$Fe + H_2SO_4 \Longrightarrow FeSO_4 + H_2(g)$$
然后在硫酸亚铁溶液中加入硫酸铵并使其全部溶解，经蒸发浓缩，冷却结晶，得到 $(NH_4)_2Fe(SO_4)_2 \cdot 6H_2O$ 晶体。
$$FeSO_4 + (NH_4)_2SO_4 + 6H_2O \Longrightarrow (NH_4)_2Fe(SO_4)_2 \cdot 6H_2O$$
产品的质量鉴定可以采用高锰酸钾滴定法确定有效成分的含量。在酸性介质中 Fe^{2+} 被 $KMnO_4$ 定量氧化为 Fe^{3+}，$KMnO_4$ 的颜色变化可以指示滴定终点的到达。
$$5Fe^{2+} + MnO_4^- + 8H^+ \Longrightarrow 5Fe^{3+} + Mn^{2+} + 4H_2O$$
产品等级也可以通过测定其杂质 Fe^{3+} 的质量分数来确定。

【仪器试剂】
1. 仪器　托盘天平；分析天平；恒温水浴；分光光度计；漏斗；漏斗架；布氏漏斗；吸滤瓶；真空泵；烧杯；量筒；锥形瓶；蒸发皿；聚四氟乙烯塞滴定管（50mL）；移液管（10mL，25mL）；表面皿；称量瓶。
2. 试剂　Na_2CO_3（1mol/L）；H_2SO_4（3mol/L）；HCl（2.0mol/L，6.0mol/L）；H_3PO_4（浓）；

$(NH_4)_2SO_4(s)$；$KMnO_4$ 标准溶液（0.1000mol/L）；无水乙醇；Fe^{3+} 标准溶液（0.010mol/L）；KSCN(1mol/L)；铁屑；奈斯勒试剂；$K_3[Fe(CN)_6]$(0.1mol/L)；NaOH(2.0mol/L)；pH 试纸；$BaCl_2$(1.0mol/L)。

【实验步骤】

1. 硫酸亚铁铵的制备

（1）铁屑的净化　称取 2.0g 铁屑于 150mL 烧杯中，加入 20mL 1mol/L Na_2CO_3 溶液，小火加热约 10min，以除去铁屑表面的油污。用倾析法除去碱液，再用水洗净铁屑。

（2）硫酸亚铁的制备　在盛有洗净铁屑的烧杯中加入 15mL 3mol/L H_2SO_4 溶液，盖上表面皿，放在水浴上加热（在通风橱中进行），温度控制在 70～80℃，直至不再大量冒气泡，表示反应基本完成（反应过程中要适当添加去离子水，以补充蒸发掉的水分）。趁热过滤，将滤液转入 50mL 蒸发皿中。用去离子水洗涤残渣，用滤纸吸干后称量，从而计算出溶液中所溶解的铁屑的质量。

（3）硫酸亚铁铵的制备　根据 $FeSO_4$ 的理论产量，计算所需 $(NH_4)_2SO_4$ 的用量。称取 $(NH_4)_2SO_4$ 固体，将其加入上述所制得的 $FeSO_4$ 溶液中，在水浴上加热搅拌，使硫酸铵全部溶解，调 pH 为 1～2，蒸发浓缩至液面出现一层晶膜为止，取下蒸发皿，冷却至室温，使 $(NH_4)_2Fe(SO_4)_2·6H_2O$ 结晶出来。用布氏漏斗减压抽滤，用少量无水乙醇洗去晶体表面所附着的水分，转移至表面皿上，晾干（或真空干燥）后称量，计算产率。

2. 产品检验

（1）定性鉴定产品中的 NH_4^+，Fe^{2+} 和 SO_4^{2-}

① 取 10 滴试液于试管中，加入 2.0mol/L NaOH 溶液使呈碱性，微热，并用滴加奈斯勒试剂（$K_2[HgI_4]$＋KOH）的滤纸条检验逸出的气体，如有红棕色斑点出现，表示有 NH_4^+ 存在。

② 取 1 滴试液于点滴板上，加 1 滴 2.0mol/L HCl 溶液酸化，加 1 滴 0.1mol/L $K_3[Fe(CN)_6]$ 溶液，如出现蓝色沉淀，表示 Fe^{2+} 存在。

③ 取 5 滴试液于试管中，加 6.0mol/L HCl 溶液至无色气泡产生，再多加 1～2 滴。加入 1～2 滴 1.0mol/L $BaCl_2$ 溶液，若生成白色沉淀，表示有 SO_4^{2-} 存在。

（2）$(NH_4)_2Fe(SO_4)_2·6H_2O$ 质量分数的测定　称取 0.8～0.9g（准确至 0.1000g）产品于 250mL 锥形瓶中，加 50mL 除氧气去离子水，15mL 3mol/L H_2SO_4，2mL 浓 H_3PO_4，使试样溶解。从滴定管中放出约 10mL $KMnO_4$ 标准溶液入锥形瓶中，加热至 70～80℃，再继续用 $KMnO_4$ 标准溶液滴定至溶液刚出现微红色（30s 内不消失）为终点。

根据 $KMnO_4$ 标准溶液的用量(mL)，按式 (4-1) 计算产品中 $(NH_4)_2Fe(SO_4)_2·6H_2O$ 质量分数：

$$w=\frac{5c(KMnO_4)V(KMnO_4)M\times 10^{-3}}{m}\times 100\% \qquad (4-1)$$

式中　　w——产品中 $(NH_4)_2Fe(SO_4)_2·6H_2O$ 的质量分数；

M——$(NH_4)_2Fe(SO_4)_2·6H_2O$ 的摩尔质量；

m——所取产品质量。

$c(KMnO_4)$——$KMnO_4$ 的浓度；

$V(KMnO_4)$——$KMnO_4$ 的体积。

(3) Fe^{3+} 的定量分析　用烧杯将去离子水煮沸 5min,以除去溶解的氧,盖好,冷却后备用。称取 0.2g 产品,置于试管中,加 1.00mL 备用的去离子水使之溶解,再加入 5 滴 2mol/L HCl 溶液和 2 滴 1mol/L KSCN 溶液,最后用除氧的去离子水稀释到 5.00mL,摇匀,在 721 型分光光度计上进行比色分析,由 A-w(Fe^{3+}) 标准工作曲线,查出 Fe^{3+} 的质量分数,与表 4-2 对照以确定产品等级。

表 4-2　硫酸亚铁铵产品等级与 Fe^{3+} 的质量分数

产品等级	Ⅰ级	Ⅱ级	Ⅲ级
$w(Fe^{3+})/\%$	0.005	0.01	0.02

【注意事项】

1. 用 Na_2CO_3 溶液清洗铁屑油污过程中,一定要不断地搅拌以免暴沸烫伤人,并应补充适量水。
2. 硫酸亚铁铵溶液要趁热过滤,以免出现结晶。
3. 制备硫酸亚铁铵时,切忌用直火加热。否则会有大量 Fe^{3+} 生成,而使溶液变成棕红色。
4. MnO_4^- 与 $C_2O_4^{2-}$ 反应速率较慢。滴定开始时,加入一滴 $KMnO_4$ 溶液后,溶液褪色较慢,要待粉红色褪去后,才能加第二滴;由于生成的 Mn^{2+} 的催化作用,反应越来越快,滴定速度可稍快些。接近终点时必须缓慢滴定,以防过量。滴定结束时,溶液温度不应低于 60%。

【思考题】

1. 制备硫酸亚铁铵时为什么要保持溶液呈强酸性?
2. 检验产品中 Fe^{3+} 的质量分数时,为什么要用不含氧的蒸馏水?
3. 为什么配制样品溶液时一定要用不含氧的蒸馏水?
4. 如何计算 $FeSO_4$ 的理论产量和反应所需 $(NH_4)_2SO_4$ 的质量?
5. 滴定前加入硫酸和磷酸的作用是什么?

实验 23　硝酸钾的制备

【实验目的】

1. 利用温度对物质溶解度影响的不同和复分解反应制备盐类。
2. 进一步掌握溶解、蒸发、结晶、过滤等技术。
3. 学会用重结晶法提纯物质的技术。

【仪器试剂】

1. 仪器　托盘天平;烧杯;表面皿;量筒;布氏漏斗;吸滤瓶;安全瓶;短颈漏斗;铜质保温漏斗套;铁三脚架;石棉网;铁架台;玻璃棒;定性滤纸。
2. 试剂　$NaNO_3$(s);KCl(s);$AgNO_3$(0.1mol/L)。

【实验步骤】

1. 硝酸钾的制备

用表面皿在托盘天平上称取 $NaNO_3$ 21g、KCl 18.5g,放入烧杯中,加入 35mL 蒸馏水

（记下总体积），加热至沸，使固体溶解。继续加热蒸发，并不断搅拌，有晶体析出。待溶液蒸发至原来体积的 2/3 时，停止加热，趁热过滤。将滤液冷却至室温，滤液中便有晶体析出，减压过滤，并尽量抽干此晶体中的水分，即得粗产品。将其转移到一干燥洁净的滤纸上，上面再复一滤纸，吸干晶体表面的水分后转移到已称重的洁净表面皿中，用托盘天平称量，计算粗产品的产率。

2. 重结晶法提纯 KNO_3

将粗产品放在 50mL 烧杯中（留 0.5g 粗产品作纯度对比检验用），加入计算量的蒸馏水并搅拌之，用小火加热，直至晶体全部溶解为止。然后冷却溶液至室温，待大量晶体析出后减压过滤，晶体用滤纸吸干，放在表面皿上称量。

3. 产品纯度的检验

按下法检验重结晶后 KNO_3 的纯度，与粗产品的纯度作比较。

称取 KNO_3 产品 0.5g（剩余产品回收）放入盛有 20mL 蒸馏水的小烧杯中，溶解后取出 1mL，稀释至 100mL，取稀释液 1mL 放在试管中，加 1～2 滴 0.1mol/L $AgNO_3$ 溶液，观察有无 AgCl 白色沉淀产生。

【思考题】

1. 实验中为何要趁热过滤除去 NaCl 晶体？为何要小火加热？
2. 以 Cl^- 能否被检出来衡量产品纯度的依据是什么？
3. 制备硝酸钾时有晶体析出，是何晶体？滤液中析出什么晶体？

实验 24 碳酸钠的制备

【实验目的】

1. 了解碳酸钠的制备原理和方法。
2. 训练恒温水浴操作和减压过滤操作方法。
3. 能利用碳酸氢铵和氯化钠为原料制备碳酸钠。

【基本原理】

以碳酸氢铵和氯化钠为原料利用复分解反应制备碳酸钠（纯碱）。当碳酸氢铵和氯化钠发生复分解反应后，整个反应体系内，就出现了碳酸氢铵、氯化钠、碳酸氢钠及氯化铵的混合物，其中溶解度较小的是碳酸氢钠，所以它首先形成结晶出来，然后经分离、洗涤、燃烧分解后得到纯碱。此时分离出碳酸氢钠后的液态体系中，主要剩余成分有氯化铵和少量的氯化钠、碳酸氢铵及碳酸氢钠。加盐酸酸化，使溶液中的碳酸氢铵和碳酸氢钠全部转化成氯化铵和氯化钠。将其溶液加热浓缩，根据氯化铵和氯化钠在高温下溶解度的不同，在 112℃ 温度下先分离出氯化钠，然后再将溶液冷却至 5～12℃ 时分离出氯化铵。有关反应如下：

$$NH_4HCO_3 + NaCl == NaHCO_3 + NH_4Cl$$

$$2NaHCO_3 \xrightarrow{\triangle} Na_2CO_3 + H_2O + CO_2 \uparrow$$

$$NaHCO_3 + HCl == NaCl + H_2O + CO_2 \uparrow$$

$$NH_4HCO_3 + HCl == NH_4Cl + H_2O + CO_2 \uparrow$$

碳酸氢铵和食盐的反应过程中，应严格控制温度为35～38℃，若高于40℃时碳酸氢铵易分解，造成损失，若低于35℃生成的碳酸氢钠沉淀，颗粒较小发黏，不易过滤，30℃以下反应则无法进行，并且此反应要有足够的反应时间，使其完全转化。

【仪器试剂】

1. 仪器　恒温水浴；抽滤装置；托盘天平；蒸发皿；烧杯；温度计；pH试纸；玻璃棒；烘箱（或高温炉）。

2. 试剂　精制食盐；碳酸氢铵（固）；浓盐酸。

【实验步骤】

1. 食盐溶液的配制

用托盘天平称取精制食盐10g放入烧杯中，加蒸馏水35mL，用玻璃棒搅拌使其全部溶解。

2. 碳酸氢钠的制备与分离

将盛有食盐溶液的烧杯放入已加热到35～38℃的恒温水浴中，在搅拌下分多次撒入已研细的碳酸氢铵粉末12g，同时防止碳酸氢铵沉入底部。整个反应过程必须严格控制温度范围为35～38℃，随着碳酸氢铵的加入，溶液中不断有碳酸氢钠沉淀析出来。碳酸氢铵加完后，继续保温搅拌30～40min，然后停止搅拌，再保温静置约1h，使产品颗粒增大，便于分离，洗涤，此时碳酸氢钠沉淀全部沉入烧杯底部，小心倾出或虹吸出上层清液（尽可能把清液倒净），清液保留。烧杯中的碳酸氢钠沉淀用少量蒸馏水洗涤两次（除去黏附的铵盐），移入布氏漏斗中进行抽滤，抽尽母液，再用蒸馏水冲洗一次，至母液完全洗脱（母液和洗涤液用于再生产溶盐用）。

3. 碳酸氢钠的煅烧

将以上得到碳酸氢钠晶体放入蒸发皿中，送入烘箱或高温炉内，在170～200℃温度下煅烧分解15～20min。也可将碳酸氢钠放入蒸发皿中，用小火慢慢加热，并不断用玻璃棒搅拌，直到取出少量样品溶于适量蒸馏水中，用pH试纸测试pH＝14为止。冷却至室温称量。

4. 氯化钠和氯化铵的回收

（1）转化　将上述母液在剧烈搅拌下，缓慢滴加浓盐酸溶液酸化，使母液中少量的碳酸氢铵和碳酸氢钠全部转化为氯化铵和氯化钠，直到使溶液pH＝6即可。

（2）浓缩析出氯化钠　将酸化后的母液倒入蒸发皿中，在不断搅拌下缓慢加热浓缩，并不时用温度计测试温度，当料液温度达到112℃时，母液中大部分氯化钠沉淀析出后，停止加热，静置片刻，倾出上层清液，抽滤，得到氯化钠（氯化钠可循环使用）。

（3）氯化铵的结晶与过滤　将上述清液放在冷盐水或冰水中，冷却至5～12℃，并保温搅拌1h，使氯化铵完全结晶析出，静止使晶体下沉，倾出清液，氯化铵晶体进行抽滤分离（母液可返回转化工序）。

（4）氯化铵的烘干　将以上得到的氯化铵晶体，置于烘箱内，于80℃温度下（超过100℃氯化铵会升华）干燥至合格。

将以上得到的碳酸钠、氯化钠和氯化铵进行称量，计算收率。

【注意事项】

1. 碳酸氢铵与食盐反应时，食盐应稍过量些，这样有利于碳酸氢钠的析出。

2. 在操作过程中，加入碳酸氢铵、浓盐酸时，一定要缓慢进行，以防止大量 CO_2 等气体放出，造成溢料损失。

【思考题】

1. 在反应过程中，为什么要控制反应温度在 35~38℃ 范围之内？
2. 氯化铵烘干时，为什么要控制温度为 80℃？

附　　录

附录1　相对原子质量表

原子序数	元素名称	符号	相对原子质量	原子序数	元素名称	符号	相对原子质量
1	氢	H	1.00794	47	银	Ag	107.8682
2	氦	He	4.002602	48	镉	Cd	112.411
3	锂	Li	6.941	49	铟	In	114.82
4	铍	Be	9.012182	50	锡	Sn	118.710
5	硼	B	10.811	51	锑	Sb	121.75
6	碳	C	12.011	52	碲	Te	127.60
7	氮	N	14.00674	53	碘	I	126.90447
8	氧	O	15.9994	54	氙	Xe	131.29
9	氟	F	18.9984032	55	铯	Cs	132.90543
10	氖	Ne	20.1797	56	钡	Ba	137.327
11	钠	Na	22.989768	57	镧	La	138.9055
12	镁	Mg	24.3050	58	铈	Ce	140.115
13	铝	Al	26.981539	59	镨	Pr	140.90765
14	硅	Si	28.0855	60	钕	Nd	144.24
15	磷	P	30.973762	61	钷	Pm	[145]
16	硫	S	32.066	62	钐	Sm	150.36
17	氯	Cl	35.4527	63	铕	Eu	151.965
18	氩	Ar	39.948	64	钆	Gd	157.25
19	钾	K	39.0983	65	铽	Tb	158.92534
20	钙	Ca	40.078	66	镝	Dy	162.50
21	钪	Sc	44.955910	67	钬	Ho	164.93032
22	钛	Ti	47.88	68	铒	Er	167.26
23	钒	V	50.9415	69	铥	Tm	168.93421
24	铬	Cr	51.9961	70	镱	Yb	173.40
25	锰	Mn	54.93805	71	镥	Lu	174.967
26	铁	Fe	55.847	72	铪	Hf	178.49
27	钴	Co	58.93320	73	钽	Ta	180.9479
28	镍	Ni	58.69	74	钨	W	183.85
29	铜	Cu	63.546	75	铼	Re	186.207
30	锌	Zn	65.39	76	锇	Os	190.2
31	镓	Ga	69.723	77	铱	Ir	192.22
32	锗	Ge	72.61	78	铂	Pt	195.08
33	砷	As	74.92159	79	金	Au	196.96654
34	硒	Se	78.96	80	汞	Hg	200.59
35	溴	Br	79.904	81	铊	Tl	204.3833
36	氪	Kr	83.80	82	铅	Pb	207.2
37	铷	Rb	85.4678	83	铋	Bi	208.98037
38	锶	Sr	87.62	84	钋	Po	[210]
39	钇	Y	88.90585	85	砹	At	[210]
40	锆	Zr	91.224	86	氡	Rn	[222]
41	铌	Nb	92.90638	87	钫	Fr	[223]
42	钼	Mo	95.94	88	镭	Ra	226.0254
43	锝	Tc	98.9062	89	锕	Ac	227.0278
44	钌	Ru	101.07	90	钍	Th	232.0381
45	铑	Rh	102.90550	91	镤	Pa	231.03588
46	钯	Pd	106.41	92	铀	U	238.0289

附录2 常用酸碱试剂的密度、含量和近似浓度

名称	化学式	密度 /(g/cm³)	质量分数 /%	近似浓度 /(mol/L)
盐酸	HCl	1.18~1.19	36~38	12
硝酸	HNO_3	1.40~1.42	67~72	15~16
硫酸	H_2SO_4	1.83~1.84	95~98	18
磷酸	H_3PO_4	1.69	不小于85	15
冰醋酸	CH_3COOH	1.05	不小于99	17
氢氟酸	HF	1.15	不小于40	23
甲酸	HCOOH	1.22	不小于88	23
氨水	$NH_3 \cdot H_2O$	0.90	不小于25~28(NH_3)	14

附录3 常用溶液的配制方法

(1) 酸溶液

名称	化学式	浓度	配制方法
硝酸	HNO_3	16mol/L	浓硝酸
		6mol/L	取16mol/L硝酸375mL,用水稀释至1L
		1mol/L	取16mol/L硝酸63mL,用水稀释至1L
		0.1mol/L	取16mol/L硝酸6.3mL,用水稀释至1L
盐酸	HCl	12mol/L	浓盐酸
		6mol/L	取12mol/L盐酸与等体积水混合
		3mol/L	取12mol/L盐酸250mL,用水稀释至1L
		2mol/L	取12mol/L盐酸167mL,用水稀释至1L
		0.1mol/L	取12mol/L盐酸8.3mL,用水稀释至1L
		10%	取12mol/L盐酸237mL,用水稀释至1L
硫酸	H_2SO_4	18mol/L	浓硫酸
		3mol/L	取18mol/L硫酸167mL,缓缓倒入833mL水中
		2mol/L	取18mol/L硫酸111mL,缓缓倒入888mL水中
醋酸	HAc	17mol/L	浓醋酸
		1:1	取17mol/L醋酸与等体积水混合
		1mol/L	取17mol/L醋酸58mL,用水稀释至1L
硫磷混酸	H_2SO_4-H_3PO_4		取700mL水加入150mL浓磷酸,再缓缓加入150mL浓硫酸
硫磷混酸	H_2SO_4-H_3PO_4		将浓磷酸与1:1硫酸等体积混合

(2) 碱溶液

名 称	化学式	浓 度	配 制 方 法
氢氧化钠	NaOH	6mol/L	取240g氢氧化钠溶于适量水中,用水稀释至1L
		2mol/L	取80g氢氧化钠溶于适量水中,用水稀释至1L
		0.5mol/L	取20g氢氧化钠溶于适量水中,用水稀释至1L
		0.1mol/L	取4g氢氧化钠溶于适量水中,用水稀释至1L
		20%	取20g氢氧化钠溶于适量水中,用水稀释至100mL
		10%	取10g氢氧化钠溶于适量水中,用水稀释至100mL
氢氧化钾	KOH	2mol/L	取112g氢氧化钾溶于适量水中,用水稀释至1L
氨水	$NH_3·H_2O$	1:1	取浓氨水与等体积水混合
		3mol/L	取浓氨水200mL用水稀释至1L

(3) 盐溶液

名 称	化学式	浓 度	配 制 方 法
碘化钾	KI	20%	取碘化钾20g溶于适量水中,用水稀释至100mL
高锰酸钾	$KMnO_4$	4%	取高锰酸钾4g溶于适量水中,用水稀释至100mL
		0.005%	取高锰酸钾0.005g溶于适量水中,用水稀释至100mL
溴酸钾-溴化钾	$KBrO_3$-KBr	0.1mol/L	取溴酸钾3g和溴化钾15g溶于适量水中,用水稀释至1L
铬酸钾	K_2CrO_4	5%	取铬酸钾5g溶于适量水中,用水稀释至100mL
硫化钠	Na_2S	5%	取硫化钠5g溶于适量水中,用水稀释至100mL
钨酸钠	Na_2WO_4	2.5%	取5%钨酸钠与15%磷酸等体积混合
醋酸钠	NaAc	1mol/L	取醋酸钠136g溶于适量水中,用水稀释至1L
硫氰化铵	NH_4CNS	20%	取硫氰化铵20g溶于适量水中,用水稀释至100mL
		10%	取硫氰化铵10g溶于适量水中,用水稀释至100mL
氟氢化铵	NH_4HF_2	20%	取氟氢化铵20g溶于适量水中,用水稀释至100mL
铁铵矾	$NH_4Fe(SO_4)_2·12H_2O$	10%	取$NH_4Fe(SO_4)_2·12H_2O$ 10g溶于10mL 3mol/L H_2SO_4中并用水稀释至100mL
氯化钡	$BaCl_2·2H_2O$	0.5mol/L	取$BaCl_2·2H_2O$ 122g溶于适量水中,用水稀释至1L
硝酸银	$AgNO_3$	1%	取硝酸银1g溶于适量水中,用水稀释至100mL
硫酸铜	$CuSO_4·5H_2O$	0.4%	取$CuSO_4·5H_2O$ 0.4g溶于适量水中,用水稀释至100mL
氯化亚锡	$SnCl_2·2H_2O$	15%	取$SnCl_2·2H_2O$ 15g加入6mol/L HCl 40mL,加热溶解、放入几粒锡粒,用水稀释至100mL
三氯化钛	$TiCl_3$	6%	取40mL 15% $TiCl_3$溶解加入20mL浓HCl,加水稀释至100mL,加入3粒无砷锌,放置过夜使用

参 考 文 献

[1] 丁敬敏. 化学实验技术（Ⅰ）. 北京：化学工业出版社，2002.
[2] 杜志强. 综合化学实验. 北京：科学出版社，2005.
[3] 马腾文. 分析技术与操作（Ⅰ）. 北京：化学工业出版社，2005.
[4] 蔡增俐. 分析技术与操作（Ⅱ）. 北京：化学工业出版社，2005.
[5] 索陇宁. 化学实验技术. 北京：高等教育出版社，2006.
[6] 王建梅，刘晓薇. 化学实验基础. 第2版. 北京：化学工业出版社，2007.
[7] 丁敬敏. 化学实验技术（上、下册）. 北京：化学工业出版社，2008.
[8] 姜洪文，王英健. 化工分析. 北京：化学工业出版社，2008.
[9] 胡伟光，张文英. 定量化学分析实验. 第2版. 北京：化学工业出版社，2008.
[10] 黄一石，吴朝华，杨小林. 仪器分析. 第2版. 北京：化学工业出版社，2009.
[11] 陈建华，马春玉. 无机化学. 北京：科学出版社，2009.
[12] 刘冬莲，高申. 无机与分析化学. 北京：化学工业出版社，2009.
[13] 司文会. 无机与分析化学. 北京：科学出版社，2009.